无公害蔬菜病虫害防治实战丛书

甜瓜疑难杂症图片对照诊断与处方

第 2 版

孙茜　潘阳　主编

U0209500

中国农业出版社

图书在版编目（CIP）数据

甜瓜疑难杂症图片对照诊断与处方/孙茜，潘阳主编. —2版. —北京：中国农业出版社，2016.11(2017.6重印)
（无公害蔬菜病虫害防治实战丛书）
ISBN 978-7-109-22273-1

Ⅰ. ①甜…　Ⅱ. ①孙…②潘…　Ⅲ. ①甜瓜-病虫害防治　Ⅳ. ①S436.5

中国版本图书馆CIP数据核字（2016）第246565号

中国农业出版社出版
（北京市朝阳区麦子店街18号楼）
（邮政编码 100125）
责任编辑　张洪光　阎莎莎

北京中科印刷有限公司印刷　新华书店北京发行所发行
2016年11月第2版　2017年6月北京第2次印刷

开本：880mm×1230mm　1/32　印张：3.75
字数：102千字
定价：20.00元
（凡本版图书出现印刷、装订错误，请向出版社发行部调换）

编　著　者

主　编　孙　茜　潘　阳

副主编　潘文亮　张尚卿

　　　　王娟娟　张家齐

　　　　范静芳　李秀舫

　　　　李丽娟

参　编（以姓氏笔画为序）

　　　　于凤玲　马门宗

　　　　王吉强　闫立斌

　　　　闫相如　李　向

　　　　李　建　张付强

　　　　张武云　张艳华

　　　　张建峰　韩　鹏

第1版编写人员

主　　编　孙　茜

副 主 编　潘文亮　刘俊田　张海存　张　梁
　　　　　张凤国　啜惠娥　戴东权

参　　编（以姓氏笔画为序）
　　　　　马世龙　王守军　方春雨　孔晓春
　　　　　刘大俊　刘　宏　纪世东　李海燕
　　　　　李丽娟　李　鹏　李兵广　李国勇
　　　　　宋国龙　吴晓杰　杨宝英　张金华
　　　　　张艳华　张淑玲　张牧海　胡铁军
　　　　　侯文月　钟少宁　顾江宁　尉　晨
　　　　　龚贺友　董灵迪

再版序言

"无公害蔬菜病虫害防治实战丛书"自2005年出版以来，得到了河北省乃至全国广大菜农和技术人员的广泛关注和喜爱，为正确诊断蔬菜病虫害、科学准确使用农药和推进蔬菜产业健康快速发展发挥了十分重要的作用。

目前，蔬菜产品的质量安全是社会和消费者关注的热点之一，正确应用高效低毒农药防控蔬菜病虫害，是保证蔬菜产品质量安全的关键环节。多年以来，孙茜研究员长期深入蔬菜生产基地，融入广大菜农中间，共同深入研究探讨，反复多次试验示范，并从生产实践中整理总结出了非常宝贵的新经验、新点子、新方法、大处方、小处方、防治历等多种好技术，应用效果好，实用性非常强，是解决蔬菜生产中病虫害技术问题的"神方妙法"，是解决蔬菜生长异常难题的"灵丹妙药"。

"无公害蔬菜病虫害防治实战丛书"的修订再版，又融入了许多新的内容、新的技术、新的方法和新的农药品种。该书的特点是文字简洁凝练，内涵丰富，图文并茂，白话叙述，一看就懂，简单易学，是菜农和技术人员离不开手的技术工具。该书的再版，必将

无公害蔬菜病虫害防治实战丛书

为蔬菜产品质量安全水平提升、蔬菜产业提质增效发挥更大的技术指导作用。

河北省蔬菜产业发展局调研员

农业部蔬菜专家技术指导组成员　王振庄

中国蔬菜协会副会长

2015年7月

前　言

　　蔬菜在人们的生活中占有非常重要的地位，蔬菜产业也已经是中国农民重要的致富产业。"无公害蔬菜病虫害防治实战丛书"作为无公害蔬菜生产的指导用书，自2005年出版发行后，受到广大菜农和一线技术人员的好评，得到了菜农的广泛认可和实践验证，他们纷纷来电来（信）通报按照该书防治大处方操作后取得的丰收喜讯。这套丛书也已经印刷了数次，发行80余万册。并得到了同行专家的肯定，2008年获得了"中华农业科技奖科普图书奖"、2009年获得"河北省优秀科普资源二等奖"。在我身边聚集了遍布全国的菜农粉丝和新技术的示范农户。源源不断的菜农朋友们的喜讯和奖励荣誉，让我作为一个科技推广人员多了一份忐忑，更感到自身的责任和义务。

　　随着设施蔬菜种植面积的迅速扩大和经济效益的逐年增长，以及无公害或绿色蔬菜生产的需要，蔬菜生产一线各种问题也在增多，设施蔬菜的连茬、重茬种植以及农药和化肥施用的不规范，仍然是蔬菜生产中的重要问题。种植模式多种多样致使病害种类繁多、发生情况更加复杂。当前，蔬菜安全生产和绿色农业战略是我国农业和蔬菜产业发展的总趋势。在责任编辑的邀约下，我把近期承担的绿色蔬菜生产技术集成项目与菜农共同示范完成的"绿色蔬菜病虫害保健性防控新技术"编入修订书稿中,把近期生产实践中获得的新经验、新点子、新方法、小处方收集整理编入修订书稿中,把农药新品种、改良土壤连茬障碍和盐渍化新配方、近期发生的新病害救治技术等内容编入修订书稿中,同时保持第1版技术简便、易学、好操作的风格。这套丛书仍然是以绿色农业和生产无公害蔬菜为宗旨,以保障菜农丰产丰收为目标,从目前职业菜农种植实战需求出发,对不易诊断的病害问题,对非典型和疑似病害进行辨别、分析,提出解决问题的办法,给出救治方案。

在丛书修订再版之际,衷心感谢河北科技菜农俱乐部的科技菜农团队给予的病虫害绿色防控技术方案的示范验证,感谢他们的生产一线工作经验和体会的分享。感谢在试验示范中提供蔬菜种子、农药的企业单位。有了这些丰富的田间一线的工作经验和体会,才有了更贴近生产一线的符合当前蔬菜安全生产和农药减量控害要求的实际操作技术。企盼这套丛书成为菜农朋友、蔬菜园区技术人员实用的致富工具。

孙 茜

2015年7月

目　录

写在前面的话

随着设施蔬菜种植面积的快速发展和种植模式的增加，设施蔬菜的连作、重茬和农药、化肥使用的不规范，使得菜农致富愿望与现实相悖。蔬菜种植种类和种植模式繁多、茬口叠加交叉，使生产中的病害种类繁多、情况复杂。蔬菜价格高时，农民对蔬菜大水大肥伺候，病虫害发生时舍得所有好药、贵药一起上，与当今消费者对绿色、安全、优质、低农残的要求相去甚远。往往是品种改变了、设施设备先进了、施肥水平上去了，但是病虫害防治水平仍然停留在原处。预防舍不得用好药，发病后却拼命用好药、重复用药、大量混合用药。生产中的主要问题如下：

1.老菜农凭老经验，任意加大用药量和盲目混用药剂，随意缩短安全间隔期，使得蔬菜生长在"治病也致命（残）、致畸"的环境里，如图1、图2。长期落后的栽培措施和病虫害防治手段与优良品种的种植要求不相适应。防治用药乱、混、杂现象仍很严重。

图1　药渍斑斑的甜瓜叶片

图2　多种药剂混喷后造成的甜瓜叶片烧灼和僵脆

图3　瓜农一喷雾器内混配多种药剂

图4　滥用激素造成的畸形瓜

2.多元有效成分桶混防病时，忽略了对蔬菜生长的安全性，造成药害，对蔬菜瓜果的生产危害性极大，也给不法农资经销商经营假药、次药以可乘之机。他们为图一己之利欺骗（忽悠）新菜农，开出4～5种药剂混用的大药方，以极不科学的混配手段防病，诱使新菜农多用药、混用药，造成植株落花落果，甜瓜畸形、裂瓜等药害现象非常普遍，如图3、图4。

3.落后的病虫害防治理念与无公害设施蔬菜施药技术不相适应，施药时忽略了天气环境、生长期等因素。比如在昼短夜长、弱光环境下不考虑植株生长现状、恶劣条件和药剂吸收渗透的规律，施药剂量仍然不减，一个浓度用到底，甚至加入增效剂致使叶片渗透作用加快，引发薄皮甜瓜幼瓜产生渗透性斑块（图5）、叶片功能性衰竭枯死斑（图6）。

图5　幼瓜上的渗透性灼伤斑

图6　甜瓜叶片上的烧灼枯斑

4.**打药万能论**。缺素症和肥害与病害混淆，不论什么原因，有病或有异常就喷药。菜农缺乏病虫害防治的基本知识，保秧护果意识强，唯恐蔬菜得病。一旦发病则拼命喷药，有时仅仅发生一种病害，也要加几种治疗其他病害的药剂一起喷，使得蔬菜植株像披上一层厚厚的药衣，但经常有药剂附着在叶片表面或幼瓜上，如图7，无疑会影响光合作用和植株的营养转化，重者会造成叶片褪绿或硬化脆裂，影响瓜果商品性。

图7　幼瓜上的沉淀性药斑

随着反季节多种种植模式栽培甜瓜面积的增加，使得各种病害随着季节差异、气候差异和用药混乱而产生不典型症状，以致难以辨认。我们在为菜农做病害咨询、指导培训中，直接面对上述问题，经历了从单一病害的识别诊断、农业措施防治及农药补救的较专业化的辅导，到将复杂的病、虫、草、药、寒、盐、冻、涝害等植株症状相区别，并将植保技术简单化、系列化、方案化（处方化）的指导历程。近几年，我们又将甜瓜救治方案（大处方）提升到保健性防控整体技术方案并取得了成功，接受了国家果类农副产品质量监督检验中心的检测，符合农业行业标准NY/T 655—2012的规定。收集整理、总结提炼科技示范户在生产中的成功经验（图8）和归纳相关知识后，我们改编了这本小册子，愿该书的出版能为瓜农提供更大的帮助。

图8　实施设施甜瓜一生保健性防控方案的生长景象

一、甜瓜生长异常的诊断

（一）田间诊断应考虑的因素及求证步骤

蔬菜病害田间诊断是农业综合技能的体现。科研与推广人员的诊断区别在于前者可以取样返回实验室培养、分离镜检后再下结论。它的准确率高，出具的防治方案针对性强，但时间缓慢，与生产要求的"急诊"不相适应。田间的诊断则不一样，必须在第一时间内初步判断症状的因由，并给出初步的救治方案，然后再根据实验室分析鉴定修正防治方案。因此，判断是否是病、虫、药、肥、寒、热害等症状，应注意如下程序步骤和因素。

1. **观察**：观察应从局部到整体，应观察病症植株所处位置，或设施棚室所处的位置以及栽培模式、相邻作物种类、栽培习惯等。看一个棚室或一块田地可能看到一种症状，看到一种现象。观察几个乃至十几个棚室则能发现一种规律。所看到的症状有自然的也有人为造成的。

2. **了解**：向种植户了解：①土壤环境状态，包括土壤营养成分、施肥情况、盐渍化程度，如图9盐渍化土壤甜瓜的黄化根；②菜农的栽培历史，是否连茬连作、连茬年数、上茬作物种类等；③农药使用情况，包括除草剂使用情况，使用农药的剂量、农药存放地点等；④种植的品种，以及品种特征特性，比如耐寒性、耐热性、对药剂和环境的敏感性等，看其是否适合当地的季节（气候）特点及土壤特点。随着新特蔬菜品种的引进、推广和种植，各品种的抗高温性、耐热性及耐寒性、耐弱光性等不尽相同。一个品种的特征特性决定了所要求的环境条件、栽培方法、密度等。

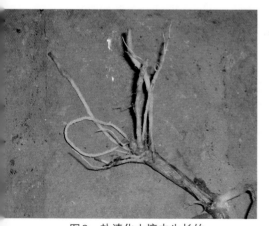

图9　盐渍化土壤中生长的
　　　甜瓜的黄化根

3.**收集**：由于有些菜农在预防病害时把三四种农药混于1桶水*中喷施，或将杀菌剂、杀虫剂、植物生长调节剂混用，或又有假、劣农药充斥其中，三五天喷一次。蔬菜生存受到威胁、生长受到限制，产生异常症状。因此，诊断时一定收集、排查农民使用过的农药袋子（图10），以帮助辨真假、看成分、查根源。

4.**求证**：由于追求高产，人们往往是有机肥不足化肥补。生产中常将未腐熟的鸡粪、牲畜粪直接施到田间，造成有害气体熏蒸危害。施用冲施肥不是均匀撒在垄中而是在入水口随水冲进畦里（图11），造成烧根黄化以及土壤盐渍化。因此，诊断蔬菜生长异常时，需求证土壤基肥、追肥、冲施肥的使用情况，单位面积用量及氮、磷、钾、微肥的有效含量、生产厂商及施肥习惯等。

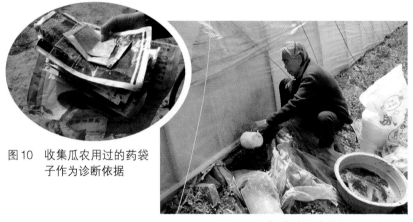

图10　收集瓜农用过的药袋子作为诊断依据

图11　不规范的混冲施肥

5.**咨询**：经过上述观察、了解、收集、求证后，还要咨询所在区域季节气候，包括温度、湿度、自然灾害的气象记录，这对诊断很有必要。突发性的病症与气候有直接的关系，如下雪、大雾、连阴天、多雨、突降霜冻及水淹等。在诊断时应该充分考虑到近期的天气变化和自然灾害因素（图12）。

---

*　1桶水为1喷雾器（常规）水＝15升水。全书同。

图12　突降大雪危及甜瓜棚室

6.排查：在诊断甜瓜生长异常时，人为破坏也是应考虑的因素。现实生活中经常会因经济利益或家族矛盾而发生人为破坏的现象，有的喷施激素（植物生产调节剂）甚至除草剂损坏他人的瓜田。因此，应调查村情民意，排除人为破坏也应为诊断的必要步骤。

7.验证：在初步确定为侵染性病害后，应采取带病标本带回实验室或请有条件的单位进行分离、鉴定，确定病原种类，进一步验证田间作出的判断。

（二）田间诊断应涉及的范围

在生产中，蔬菜发生一种异常现象不同专业背景的人会有不同的判断或救治方法。有时受学科限制会对异常现象给予单一的解释，实际上一种异常现象可能是多种因素综合作用的结果。自然环境中，在栽培方式、种植管理、防治病虫害用药手段、天气、肥料施用等各种因素综合作用的复杂条件下，诊断蔬菜生长异常应涉及如下内容，可以逐步排除。

首先应判断是病害，还是虫害，或是生理性病害。

（1）由病原生物侵染引起的植物不正常生长和发育所表现的病态，常有发病中心，由点到面…………………………………………………病害

①蔬菜遭到病菌侵染，植株感病部位生有霉状物、菌丝体并产生病斑…………………………………………………………………………真菌病害

②蔬菜感病后组织解体腐烂、溢出菌脓并伴有臭味 …………………………………………………………………………………………细菌病害

③蔬菜感病后引起畸形、丛簇、矮化、花叶皱缩等症并有传染扩散现象…………………………………………………………………………病毒病害

④植株生长衰弱，显示营养不良。叶片、茎秆没有病原物。拔出根系，根部长有根瘤状物…………………………………………………线虫病害

（2）有害昆虫如蚜虫、棉铃虫等刺吸、啃食、咀嚼蔬菜引起的植株

异常生长和伤害现象，无病原物，有虫体可见……………………虫害

（3）受不良生长环境限制如天气以及种植习惯、管理不当等因素影响，蔬菜局部或整株或成片发生的异常现象，无虫体、病原物可见……………………………………………………………………………生理性病害

①因过量施用农药或误施、飘移、残留等因素造成的蔬菜生长异常、枯死、畸形现象……………………………………………………药害

a.因施用含有对蔬菜花、果实有刺激作用成分的杀菌剂造成的落花落果以及过量药剂所导致植株及叶片畸形现象………………杀菌剂药害

b.因过量和多种杀虫剂混配喷施所产生的烧叶、白斑等现象 ………………………………………………………………………………杀虫剂药害

c.超量或错误使用除草剂造成土壤残留，下茬受害黄化、抑制生长等现象，以及喷施除草剂飘移造成的近邻植株生长畸形现象………………………………………………………………………………除草剂药害

d.因气温高，或用药浓度过高、过量或喷施不适当造成植株畸形、果实畸形、裂果、僵化叶等现象………………植物生长调节剂药害

②因偏施化肥，造成土壤盐渍化或缺素，导致植株烧灼、枯萎、黄叶、化瓜等现象………………………………………………… 肥害

a.施肥不足，脱肥，或过量施入单一肥料造成某些元素被固定，植株长势弱或褪绿、黄化、果实着色不良或畸形等现象………… 缺素症

b.过量施入某种化肥或微肥，或环境污染造成的某种元素过多，植株营养生长过盛、叶色过深或颜色异常、果实生长异常，或植株生长停滞等现象………………………………………………………元素中毒症

③因天气的变化、突发性气候变化造成的危害 ………天气灾害

a.冬季持续低温对蔬菜生长造成的低温障碍，植株叶片低垂外翻，或叶片皱缩…………………………………………………… 寒害

b.突然降温、霜冻造成植株茎、果实蜡样透明及叶片变褐枯死……………………………………………………………………………冻害

c.因持续高温致使植株蒸腾过量，营养运输受阻，生长衰弱，叶片黄化…………………………………………………………………热害

d.阴雨放晴后的超高温强光造成枝叶脆裂和白化灼伤……… 灼伤

e.暴雨、水灾后植株长时间泡淹造成黄化和萎蔫…………淹害

二、甜瓜病害典型与非典型、疑似症状的诊断与救治

许多菜农告诉我们，在种植中发生的病害症状与一些教科书中的典型症状并不是很相像，待症状典型了，救治也晚了，抢救最佳时机已经错过，损失在所难免。他们往往在发病初期的病症甄别上举棋不定，用药时就会把许多药掺和在一起喷，以求多效广防保住秧苗，但常常是事与愿违，花钱多效果差。如果掌握了识别病症的技巧，辨别了病害种类，就会变被动防治为针对性治疗，既争取了时间，又节省了成本。下面介绍甜瓜主要病害的典型、非典型及疑似症状的诊断与救治方法。

注解：典型、非典型症状均为同一病害症状，但表现有差异，疑似症状为症状相像但不是此病的症状。

猝 倒 病

【典型症状】 猝倒病是甜瓜苗期的重要病害。幼苗感病后在近土表层茎部呈水渍状软腐并倒伏，即猝倒，如图13。幼苗初感病时秧苗根部呈暗绿色（图14），湿度大时病苗近地表处长出稀疏白色菌丝（图15），感病部位逐渐缢缩，病苗折倒坏死（图16）。染病后期茎基部变成黄褐色干枯，如图16。

图13 幼苗茎基部水渍状软腐并倒伏

图14 幼苗感病茎秆暗绿色

图15 病苗近地表处生长出稀疏白色菌丝

图16 重症病苗病部缢缩折倒

【疑似症状】 一般蔬菜苗期常发生三大病害，即立枯病、猝倒病、炭疽病，甜瓜也一样。猝倒病的症状是茎基部水渍状折倒、腐烂，干燥环境下根部黄褐色。疑似猝倒病的立枯病则根部黄褐色，但不折倒，干枯后黄褐色植株直立，如图17。这是两种病害的区别之处。

【发病原因】 病菌主要以卵孢子在土壤表层越冬。条件适宜时产生孢子囊释放出游动孢子侵染幼苗。通过雨水、浇水和病土传播，带菌肥料也可传病。低温高湿条件下容易发病，土温10～13℃、气温15～16℃病害易流行发生。播种、移栽或苗期浇大水，又遇连阴天低温环境发病重。

图17 疑似猝倒病的立枯病幼苗

【救治方法】

生态防治：清园，切断越冬病残体传播病害途径。用异地大田土和腐熟的有机肥配制育苗营养土，最好使用一次性灭菌营养基质。严格控制化肥用量，避免烧苗。合理分苗，合理密植，控制湿度是关键。降低棚室湿度。苗床土注意消毒及药剂处理。

药剂处理土壤：取大田土与腐熟的有机肥按6∶4混匀，并按每立方米苗床土加入100克68%精甲霜灵·锰锌水分散粒剂和2.5%咯菌腈悬浮剂100毫升，拌土一起过筛混匀，或用30亿活芽孢/克枯草芽孢杆菌可湿性粉剂500克混入上述营养土中。在种子包衣播种覆土后用68%精甲霜灵·锰锌水分散粒剂500倍液或6.25%咯菌腈·精甲霜灵悬浮剂20毫升对水15升进行土壤封闭，可有效杀死土壤表面残存的病菌。

种子包衣：可选6.25%咯菌腈·精甲霜灵悬浮剂及10毫升对水150~200毫升包衣3千克种子，可有效预防猝倒病和立枯病、炭疽病等苗期病害。

药剂淋灌：救治可选择30亿活芽孢/克枯草芽孢杆菌可湿性粉剂100倍液、68%精甲霜灵·锰锌水分散粒剂500~600倍液（折合每100克药对3~4桶水）、72%霜脲·锰锌可湿性粉剂800倍液、62.75%氟吡菌胺·霜霉威水剂1 000倍液、44%精甲霜灵·百菌清悬浮剂400倍液、72.2%霜霉威水剂800倍液等对秧苗进行淋灌或喷淋。

霜霉病

【典型症状】　霜霉病是甜瓜全生育期均可以感染的流行性病害，俗称"跑马干"，主要为害叶片。病斑受叶脉限制，多呈多角形浅褐色或黄褐色斑块（图18），是非常容易诊断的病害。幼苗期染病，叶片上产生水渍状小斑点（图19），逐渐扩展成浅褐色不规则形角斑，如图20；叶缘背面病斑水渍状，如图21。生长中期染病，病斑扩展受叶脉限制呈大块黄褐角斑状，如图22；湿度大时，叶背面长出灰黑色霉层，如图23；干燥环境下，大块病斑迅速干枯，如图24。病害流行会对甜瓜生产造成毁灭性灾难，减产五成甚至绝收，如图25、图26。

【非典型症状】　病斑连片干枯呈褐色，如图27；但叶背面少有水渍状霉层。这是因棚室栽培环境下湿润与干燥骤然变化，加之及时用药病斑得到控制所呈现的不典型霜霉病症状，如图28。从叶背面观察干枯病斑，病斑仍受叶脉限制，如图29。此病症应按霜霉病进行防治。

图18　甜瓜感染霜霉病叶片上的典型角斑

图19 霜霉病初侵染叶片上的水渍状小斑点

图20 扩展后的浅褐色病斑

图21 叶缘背面水渍状灰白色霉状物

图22 侵染中期病叶呈现大块黄褐色角斑

图23 重症霜霉病叶背面长出黑色霉层

图24 干燥环境下病斑
迅速干枯

图25 霜霉病大发生时
田间为害状

图26 霜霉病大发生甜瓜田间惨状

图27 霜霉病叶片病斑连片干枯

图28　湿润与干燥骤然变化导致的霜　　图29　非典型症状病叶背面观察病斑
　　　　霉病非典型症状　　　　　　　　　　　　仍受叶脉限制

【疑似症状】　甜瓜叶片产生大块病斑，看似大型角斑，仔细观察病斑并没有受叶脉限制，叶缘有不规则侵染扩展斑，如图30。从叶背面看，有细微的白色霉层，如图31。在高湿、温差大的春季，低温更适合疫病发生，判断是疫病为害的症状。

图30　疑似霜霉病的疫病叶片　　　　图31　疑似霜霉病的疫病叶片背面

叶片上有大小不规则斑点，看似角斑，仔细观察病斑并没有受叶脉限制，叶缘有不规则侵染扩展斑，如图32。后期病斑合并连片，但是叶背面没有霜霉病菌的霉状物，只是阴湿，略有臭味，判断是细菌性角斑病，如图33。

图32 疑似霜霉病初发的细菌性角斑病叶片　图33 疑似霜霉病的重症细菌性角斑病干枯叶片

【发病原因】 病菌主要在冬季温室作物上越冬。由于北方设施棚室保温条件的改善，甜瓜可以安全越冬栽培，病菌也可以周年侵染，借助气流传播。病菌孢子囊萌发适宜温度为15～22℃，相对湿度高于83%，叶面有水珠时极易发病，如图34。保护地棚室内空气湿度越大病菌产孢越多，叶面有水珠或露水是病菌侵入的有利条件。

图34 高湿环境中极易感病的带水珠叶片

【救治方法】

选用抗病品种：如久红瑞、天蜜脆梨、蜜宝、绿宝系列等。

生态防治：清园，切断越冬病残体传播病害途径。合理密植，高垄栽培，控制湿度是关键。越冬栽培的甜瓜必须采取地膜下渗浇小水或滴灌、微喷等节水保温措施，如图35，以利降低棚室湿度。清晨尽可能早的短时放风，即放湿气，尽快进行湿度置换。不用担心放风导致的降温，快速放湿气，可能在短时间内棚室会有1～2℃的降温，但是通风透光，空气干燥有利于快速提高室温，促进生长。同时注意适当增施磷、钾肥。育苗时，苗床土注意消毒及药剂处理，覆土时应用药剂封闭杀菌。

14

药剂救治：霜霉病是暴发性极强的毁灭性流行性病害。通常发病2～3天整个作物田毁于一旦。按照传统的防治理念是发现中心病株后立即全面喷药，并及时清除病叶带出棚外烧毁。但是病害是有潜伏期的，生产中发现中心株时其实已经有成片或大面积的植株处于感病潜伏期，这个时候再谈预防时机已晚。什么时间是最好的预防期呢？实践中瓜农自己也无法掌握。我们提倡采取作物整体性、保健性、系统化病虫害防控方案（即大处方），即从种子和土壤入手，保障作物一生健康生长，不受病虫害干扰，做到"零"病情指数。不能等到病菌侵染了再着急喷药和防护。提倡早期按规律进行健康防病保护，让病菌没有或最大限度地减少侵染机会，把握甜瓜生长技术节点，关键时期重点防护的绿色防控新概念，目的就是让我们身边的千万瓜农受益和丰收。

图35　高垄栽培甜瓜

（1）四灌三喷法：见本书第七部分。

（2）灌根：定植7～10天后，每667米²用25%嘧菌酯悬浮剂60毫升灌根；可以采用喷雾器淋灌，10毫升兑水15升（1喷雾器水）；随水滴灌用量是每667米²100毫升，这样让甜瓜植株有一个基本健康生长防病的基础，然后进行喷药防控。发病前使用保护剂预防，可采用75%百菌清可湿性粉剂600倍液（100克药对4桶水）、56%百菌清·嘧菌酯悬浮剂1 000倍液、25%嘧菌酯悬浮剂1 500倍液、25%双炔酰菌胺悬浮剂1 200倍液、44%精甲霜·百菌清悬浮剂500倍液灌根。

（3）喷施：发病初期，选用25%嘧菌酯悬浮剂1 500倍液与62.75%氟吡菌胺·霜霉威水剂1 000倍液混后喷施，或25%嘧菌酯悬浮剂2 000倍液与25%双炔酰菌胺悬浮剂1 200倍液混后灌根或喷施等。发病后期，要选用治疗剂，如62.75%氟吡菌胺·霜霉威水剂1 000倍液、10%氟噻唑吡乙酮可分散油悬浮剂1 200倍液、68%精甲霜灵·锰锌水分散粒剂600倍液、72.2%霜霉威1 000倍液等喷施。

不管用哪一种药剂防治，尤其是爬蔓栽培的甜瓜，灌根或喷施均匀周到非常重要，使药液全部覆盖才能取得良好的效果。

灰霉病

【典型症状】 灰霉病主要为害幼瓜和叶片，重发生时秧蔓也有感染。甜瓜叶片感病，病菌先从叶片边缘侵染，呈小型的 V 形病斑，如图36；病斑逐渐向深度扩展，形成轮纹状的大型 V 形病斑，叶表产生浅灰色霉层，如图37。病菌从雌花花瓣侵入，感染幼瓜，如图38，腐烂花瓣或果蒂脱落，感染叶片叶缘会产生水渍状褪绿病斑并长有浅灰色霉层，如图39。染病枝蔓软化缢缩长出稀疏霉层，如图40。果蒂感病向内扩展，致使病瓜呈灰白色、软腐、凹陷，如图41。

图36 初感染灰霉病的叶片

图37 感染灰霉病后期叶片

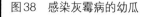

图38 感染灰霉病的幼瓜

图39　病花瓣落至叶缘导致产生水渍状褪绿病　图40　染病枝蔓软化缢缩长出
　　　斑并长有浅灰色霉层　　　　　　　　　　　稀疏霉层

【非典型症状】　叶片病斑呈圆形或不规则、大块、浅褐色，表面长出稀疏浅灰色霉菌，如图42。棚室湿度大时，病菌随农事操作、空气流动，落到叶片上侵染病，或水滴携带病菌落到叶片上产生侵染病现象，如图43。

图41　染病幼瓜呈灰白色、软腐
　　　并长出大量灰绿色霉层

图42　非典型的染灰霉病叶片，并长　图43　棚膜滴水带菌，侵染导致非典
　　　出稀疏霉菌　　　　　　　　　　　　型症状

【疑似症状】 也是为害幼瓜、叶片和枝蔓发病，感染也从叶缘和瓜蒂开始。只是长出来的霉菌菌丝纯白色、茂密，如图44。幼瓜染病后瓜条阴绿水渍状，瓜蒂长白毛，如图45，前期症状非常接近灰霉病，但是感病后期菌丝茂密白色和老化后长出黑色菌核有别于灰霉病。

图44 疑似灰霉病的菌核病枝蔓　　　图45 疑似灰霉病的菌核病幼瓜

【发病原因】 灰霉病菌以菌核或菌丝体、分生孢子在病残体上越冬。病原属于弱寄生菌，从伤口、衰老的器官和花器侵入。柱头是容易感病的部位，致使果实感病软腐。花期是灰霉病侵染高峰期。病菌借气流和农事操作传播进行再侵染。气温18～23℃、湿度90%以上适宜发病，低温、高湿、弱光有利于发病。大水漫灌又遇连阴、雾霾天气是诱发灰霉病的最主要因素。种植密度过大，放风不及时，施氮肥过量造成盐渍化碱性土壤缺钙，植株生长衰弱，均利于灰霉病的发生和扩散。因此，保持棚室干燥对于防控灰霉病非常重要。

【救治方法】

生态防治：

（1）控湿。控制湿度是防治灰霉病的关键。①保护地棚室要高畦覆膜栽培，膜下渗浇小水。有条件的可以考虑采用滴灌措施，节水控湿。②加强通风透光，尤其是阴天除要注意保温外，还要严格控制灌水量。③早春将上午放风改为清晨短时放湿气，尽可能早的放掉棚里的雾气，方法是：尽可能拉大棚膜风口，人不要走开，待棚里雾气快速排清，空气透明度提高后，迅速关上风口促进快速提温，有利于甜瓜生长。

（2）清洁田园。及时清理病残体，摘除病果、病叶和侧枝，集中烧毁和深埋。

（3）合理密植，高垄栽培，科学施肥。氮、磷、钾均衡施用。

药剂救治：建议采用甜瓜一生病害防控整体解决方案（大处方）（见第七部分）。

（1）花期防控。因甜瓜灰霉病是花期侵染，冬季生产中对开花的幼瓜进行药剂蘸花对早期防控灰霉病非常重要。方法是：选2.5%咯菌腈种衣悬浮剂10毫升对水1 500毫升，或用6.25%精甲霜灵·咯菌腈10毫升对水1 200毫升，或50%嘧霉环胺水分散粒剂3克对水1 500毫升进行喷花或浸花使瓜胎均匀着药。也可单一用丰收2号保花药每袋对水1.5升充分搅拌后直接喷花或浸花。幼瓜膨大期可以配合整株防治重点对幼瓜瓜头（染灰霉病重点部位）喷雾杀菌。

（2）喷药防控：可选用50%咯菌腈可湿性粉剂3 000倍液、50%啶酰菌胺可湿性粉剂1 000倍液对着幼瓜重点喷雾。单独防治灰霉病时可选用25%嘧菌酯悬浮剂1 500倍液+50%咯菌腈可湿性粉剂5 000倍液喷施预防，重度发生时摘除病瓜后对所有植株和茎叶喷施50%啶酰菌胺可湿性粉剂1 000倍液，或62%咯菌腈·嘧菌环胺水分散粒剂3 000倍液，或50%多霉清可湿性粉剂800倍液等。控制流行时可使用50%嘧菌环胺水分散粉剂1 200倍液，或40%嘧霉胺悬浮剂1 200倍液喷施。

疫　病

【典型症状】　疫病也是流行性病害。通常一场雨持续1～2天，晴天后染病植株会毁于一旦。甜瓜茎蔓、果实、叶片都能感染疫病。叶片染病，初期产生跨叶脉不定形或圆形水渍状暗绿色大块病斑，如图46，叶背病斑为阴湿、半透明、圆形，如图47。干燥条件下，病斑干枯有穿孔现象，如图48。幼瓜感病，大多从果蒂开始，如图49，感染后期病部表面会长出少量稀疏白色霉层，如图50。棚室内或天气潮湿时，叶片染病从边缘开始，初期产生不定形水渍状暗绿色病斑，干燥条件下病斑浅褐色干枯，如图51，后期重症呈暗褐色大块病，如图52。遇到疫病大发生流行时，会遭到毁灭性绝收。

【非典型症状】　叶片虽然有大块阴湿状病斑，但其他病斑没有明显跨越叶脉症状，如图53，甚至有的病斑是从叶缘开始发病，如图54，病斑周围呈现浅黄色，使诊断举棋不定。其实，仔细观察病斑虽然是感病初期不规则，但仍能从病斑颜色和水渍状的特点上判断是疫病。这种现象与种植环境湿度过大棚室温度较低有关。救治上仍与疫病相同。

图46 呈水渍状暗绿色的大块叶斑

图47 叶背病斑阴湿半透明

图49 初感染疫病的幼瓜

图48 病斑干枯穿孔

图50 感病后期病瓜长出白色霉层

图51 干燥条件下病斑浅褐色干枯

图52 重症叶片的大块褐变病斑

图53 非典型的未跨越叶脉大块阴湿
病斑

图54 低温潮湿条件下叶缘开始发病

【疑似症状】

（1）叶片病斑圆形、黄褐色，如图55。虽然与疫病圆形病斑相像，但为深褐色与疫病暗绿色的特点不同，并没有疫病特有的阴湿状，应该诊断为炭疽病。

（2）叶片病斑沿叶缘向纵深枯黄，如图56。疑似疫病，但观察病斑周围叶片黄化发白、叶肉脱色呈严重缺镁状，依据种植时期为北方早春季保护地气温低、温差过大，应诊断为寒害所致。

（3）病斑为小块褪绿色圆斑，病斑中心白化，如图57，重症时呈大面积干枯深褐，如图58。细心观察，病斑周围有泡状突起且有些黄化，这是细菌性病害初感染症状，与疫病的圆形大块水渍状但无泡状的叶片有明显的区别。干枯的疫病叶片仍能看到圆形块斑，而细菌性病害的干枯叶片则呈现连片的不规则的枯干症。

图55　疑似疫病的炭疽病圆形病斑

图56　疑似疫病的寒害病斑，沿叶缘
　　　向纵深枯黄

图57　疑似疫病的细菌性病害初侵染
　　　甜瓜叶片

图58　疑似疫病的细菌性病害
　　　后期的干枯叶片

【发病原因】　病菌主要以菌丝体、卵孢子、厚垣孢子在病残体或土壤中越冬。由于北方设施棚室保温条件的增强，甜瓜可以安全越冬栽培，病菌也可以周年侵染，借助雨水、灌溉水传播。发病适宜温度为25～30℃，相对湿度高于85%时极易发病。保护地棚室内空气湿度过大、浇水过量，叶面有水珠或露水是病菌萌发游动侵入的有利条件。定植过密，通风透光性差，排水不良的地块发病重，病害流行快。大水漫灌以及地表无地膜覆盖、棚膜雾滴严重以及施用未腐熟的厩肥发病严重。

【救治方法】

选用抗病品种：较抗病的品种有红城十九、郁金香、天宝、久红瑞、龙甜等。

生态防治：

（1）清园。切断越冬病残体传播途径；及时清除病叶并带出棚外烧毁。

（2）控湿。合理密植、高垄栽培、注意排水、控制湿度是关键。设施栽培的甜瓜应采用膜下渗浇小水或滴灌，节水保温，以利降低棚室湿度。清晨尽可能早的放风即放湿气，增加通风透光。

（3）氮、磷、钾均衡施用。育苗时苗床土注意消毒及药剂处理（参照第八部分苗床土消毒土处方进行）。

药剂救治：疫病是流行性病害。病害有潜伏期，生产中发现中心株时实际已经有成片或大面积的植株已经在感病潜伏期了，这个时候再用预防措施时机已晚。我们提倡采取作物整体性、保健性病虫害防控方案（即大处方），即从种子和土壤入手，保障作物一生健康生长，不受病虫害干扰，做到"零"病情指数。不能等到病菌侵染了再着急喷药和防护。提倡早期按规律进行健康防病保护，让病菌没有或最大限度地减少侵染机会，把握甜瓜生长技术节点，关键时期做好重点防护的绿色防控。

（1）四灌三喷法。见本书第七部分。

（2）灌根。定植10天后每667米^{2}用25%嘧菌酯悬浮剂60毫升灌根；可以采用喷雾器淋灌，10毫升对水15升。随水滴灌用量是每667米^{2}100毫升，这样让甜瓜植株有一个基本健康生长防病的基础。然后进行喷药防控。发病前使用保护剂预防，可采用75%百菌清可湿性粉剂600倍液（100克药对4桶水）、56%百菌清·嘧菌酯悬浮剂1 000倍液、25%嘧菌酯悬浮剂1 500倍液、25%双炔酰菌胺悬浮剂1 200倍液、44%精甲霜灵·百菌清悬浮剂500倍液灌根。

（3）喷施。发病初期，选用25%嘧菌酯悬浮剂1 500倍液与68%精甲霜灵·锰锌700倍液，或25%嘧菌酯悬浮剂2 000倍液与25%双炔酰菌胺悬浮剂1 200倍液混后灌根或喷施等。发病后期，要选用治疗剂，如10%氟噻唑吡乙酮可分散油悬浮剂1 200液、68%精甲霜灵·锰锌水分散粒剂600倍液、62.75%氟吡菌胺·霜霉威水剂1 000倍液、72.2%霜霉威1 000倍液等。喷药应均匀周到。

炭 疽 病

【典型症状】 甜瓜炭疽病在整个生育期均可发生。主要侵染叶片、幼瓜、茎蔓。炭疽病叶片典型病斑圆形，初呈浅褐色，如图59。渐变黄褐色，如图60，后期逐渐凹陷有轮纹，如图61。重症病斑暗褐色，伴有穿孔现象，如图62。茎蔓感病，呈现褐黑色凹陷斑。棚室高湿条件下病斑圆形，初期褪绿后疱状凹陷，如图63。幼瓜感病，病部开裂并有粉红色黏稠物溢出，如图64。甜瓜病果初生褪绿色水渍状凹陷斑，如图65，渐变成褐色，斑点中间淡灰色，近圆形轮纹状，如图66，重症病果病斑后期黑褐色干枯，如图67。

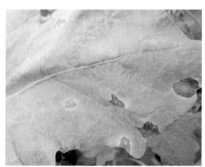

图59 初感炭疽病病叶上的浅褐色斑　　图60 感染炭疽病中期的黄褐色病斑

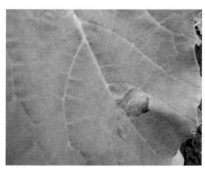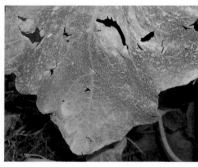

图61 感染炭疽病后期凹陷轮纹病斑　　图62 重症炭疽病疱状暗褐色穿孔病斑

图63 潮湿环境下炭疽病疱状病斑褪绿症状

图64 病瓜开裂，粉红色黏稠物溢出

图65 感病甜瓜表面水渍状凹陷斑点

图66 重症病瓜褐色近圆形轮纹状大块病斑

图67 重症病瓜病斑黑褐色干枯

【非典型症状】

（1）有些叶片感病呈现不规则形病斑，虽不受叶脉限制，但不是炭疽病病斑典型症状，如图68。仔细观察发现，病斑有凹陷、有晕圈、中心浅灰色，均符合炭疽病症状，应该是非典型的炭疽病症状。

（2）叶片出现不规则大块有轮纹的病斑，如图69。此症与炭疽病病斑相同，只是病斑呈大块、不规则形。这与保护地栽培湿度大、病害发生扩展快速并干枯有关。应诊断为炭疽病。

【疑似症状】

（1）叶片病斑为浅灰色、水渍状、圆形，比炭疽病病斑颜色略浅。感染面积稍大，颜色一直呈浅灰褪绿色，如图70，应诊断为疫病。初感疫病极易与炭疽病混淆，后期病斑的颜色则有所区别。疫病病斑水渍状、褪绿、浅灰色，炭疽病病斑圆形、黄褐色、有晕圈。发生季节也有所区别，炭疽病发生时温度高一些。

（2）病斑为圆点状、失绿、枯斑边缘清晰，如图71；病斑为大块或部分为圆形，如图72，但是病斑颜色不同于炭疽病的，应是考虑为喷施过渗透性强的增效剂所致烧灼性药害。

图68　病叶上非典型的小型炭疽病病斑

图69　非典型大块炭疽病病斑

图70　疑似炭疽病的疫病叶片

图71 疑似炭疽病的药害叶片　　图72 疑似炭疽病的渗透性、烧灼性
　　　　　　　　　　　　　　　　　　　　药害叶片

【发病原因】　病菌以菌丝体或拟菌核随病残体或种子越冬，借雨水传播。发病适宜温度为27℃，湿度越大发病越重。棚室温度高、多雨或浇大水、排水不良、种植密度过大、氮肥施用过量的条件下病害发生重，易流行。植株生长衰弱则发病严重。

　　一般春季保护地种植后期发病概率高，流行速度快。管理粗放也是病害流行并造成损失的原因，应引起高度重视，提早预防。

【救治方法】

　　生态防治：重病地块轮作倒茬，可以与茄科或豆科蔬菜进行2～3年的轮作。设施栽培，加强棚室管理，通风、降温、放湿气。提倡覆膜栽培（图73）、滴灌，以降低湿度减轻发病，如图74。晴天进行农事操作，避免阴天整蔓、采收等，以防人为传染病害。

图73　棚室地膜覆盖高垄栽培

图74　棚室甜瓜铺设滴灌设施模式

　　种子包衣：参见猝倒病防病种子包衣方法。

　　药剂浸种：75%百菌清可湿性粉剂500倍液浸种60分钟后冲洗干净催芽，有良好的杀菌防病效果。

　　苗床土消毒：土壤消毒可减少侵染源，操作方法可参照猝倒病苗床土消毒。

　　药剂防治：建议采用甜瓜一生整体保健性防控方案。

　　（1）四灌三喷法。见第七部分。

　　（2）喷药。采取25%嘧菌酯悬浮剂1 500倍液预防效果非常好。可选用32.5%吡唑萘菌胺·嘧菌酯悬浮剂1 500倍液、75%百菌清可湿性粉剂600倍液、56%百菌清·嘧菌酯悬浮剂800倍液、10%苯醚甲环唑水分散粒剂1 500倍液、80%代森锰锌可湿性粉剂600倍液、32.5%吡唑萘菌胺·嘧菌酯悬浮剂1 000倍液、42.8%氟吡菌酰胺·肟菌脂悬浮剂1 000倍液喷雾防治。

白 粉 病

　　【典型症状】　甜瓜全生育期均可以感染白粉病，主要感染叶片，如图75。发病初期，主要在叶面长有稀疏白色霉层，如图76；逐渐霉层变厚形成具浓密霉层的白色圆斑，如图77。从植株下部叶片开始染病，逐渐向上发展，发病重时感染枝干、茎蔓，如图78。严重感染，叶面会普遍发生症状，如图79；发病后期，感病部位白色霉层呈灰褐色，叶片发黄坏死，如图80。

图75 感染白粉病的甜瓜叶片

图76 初染白粉病的叶片

图78 感染白粉病的枝干、茎蔓

图77 感病中期霉层逐渐浓密

无公害蔬菜病虫害防治实战丛书

图80　重症白粉病田间为害状

图79　甜瓜白粉病田间为害状

【疑似症状】　植株叶片发黄，叶表面因喷施大量农药粉剂而附有一层药粉疑似白粉病，如图81。查看田间植株，叶片并没有白色霉状物，发病黄化的现象与施药有关，排除病害。

【发病原因】　病菌以闭囊壳随病残体在土壤中越冬，可在越冬栽培的棚室内作物上越冬，借气流、雨水和浇水传播。温暖潮湿、干燥无常的种植环境，阴雨天气及密植、窝风环境

图81　疑似白粉病的大剂量喷施药剂污染的叶片

下易发病和流行。大水漫灌，湿度大，肥力不足，植株生长后期，因长势衰弱发病严重。

【救治方法】

选用抗病品种：主要抗病品种有郁金香、风雷、蜜宝、龙蜜1号、伊丽莎白等。

生态防治：清洁田园：收获后及时清除病残体，并进行土壤消毒。棚室应拉秧后及时进行硫黄熏蒸灭菌和地表药剂处理。适当增施生物菌

肥及磷、钾肥，加强田间管理，降低湿度，增强通风透光。收获后及时清除病残体，并进行土壤消毒。设施栽培建议地膜覆盖或滴灌，降低湿度，减轻发病。晴天进行农事操作，避免阴天整枝、采收等农事操作，减少人为传播。重病地块轮作倒茬，可以与茄科或豆科蔬菜进行2~3年的轮作。

种子包衣：选用6.25%精甲霜灵·咯菌腈悬浮种衣剂10毫升，对水150~200毫升包衣3千克种子。

种子消毒：55~60℃恒温浸种15分钟，或75%百菌清可湿性粉剂500倍液浸种30分钟后冲洗干净催芽，均有良好的杀菌效果。

苗床土消毒：参照猝倒病苗床土消毒方法。

药剂防治：建议采用甜瓜一生整体保健性防控方案（大处方）进行预防，在整个生育期内按步骤主动进行防控。尤其是早期根施嘧菌酯，对整个生育期白粉病防控非常有效。

（1）四灌三喷法。见第七部分。

（2）喷药。可选用32.5%吡唑萘菌胺·嘧菌酯悬浮剂1 500倍液、56%百菌清·嘧菌酯悬浮剂800倍液、32.5%苯醚甲环唑·嘧菌酯悬浮剂1 000倍液、42.4%氟吡菌酰胺·肟菌酯悬浮剂1 500倍液、42.2%氟吡菌酰胺·吡唑醚菌酯悬浮剂2 000倍液、10%苯醚甲环唑水分散粒剂800倍液、25%嘧菌酯1 500倍液喷施，或中后期重度染病时选用30%嘧菌酯·丙环唑3 000倍液、30%苯醚甲环唑·丙环唑3 000倍液等喷雾。

菌核病

【典型症状】 甜瓜菌核病在重茬地、连作区发生比新瓜区要严重。甜瓜整个生长期均可发病。成株期发生较多，各个部位均有感病现象。病原先从主干茎基部或侧根侵染，病部呈褐色水渍状凹陷，如图82。主干染病，表面易破裂，如图83，渐呈褐色缢缩，长出白色絮状菌丝，如图84，湿度大时皮层霉烂，如图85。叶片染病，呈水渍状大块病斑，偶有轮纹，病部易脱落，如图86。幼瓜感病，多从瓜头开始软腐褐变，如图87。重症后期茎蔓褐色水渍状凹陷，如图88；果实病部凹陷软腐长出白色霉菌，如图89、图90，后形成菌核，也就是人们常见到的老鼠屎状物，如图91。

图82 茎蔓基部病变呈褐色水渍状凹陷

图83 病变裂蔓

图84 茎蔓褐色缢缩，长出白色絮状菌丝

图85 重症菌核病秧蔓皮层霉烂

图86 偶有轮纹的水渍状叶斑

图87 感病中期的幼瓜褐变软腐

图88　重症菌核病茎蔓褐色水渍状凹陷

图89　感病重的瓜表面长出白色菌丝

图90　病瓜重度腐烂长出的白霉

图91　染病瓜后期菌丝浓密有黑色菌核出现

【疑似症状】　叶片病斑水渍状干枯，偶看似有轮纹，疑似菌核病，如图92，但病斑颜色较菌核病的深，为深褐色，且干燥无水渍状，并有穿孔现象，应该判断是炭疽病。诊断时还应考虑病害发生季节和生长环境。北方种植甜瓜，菌核病发生在初瓜期或盛瓜期的春季阴冷季节或温差大的时节，炭疽病则发生在气候相对温暖的较高温时节。

菌核病在设施栽培中多易与疫病症状相混淆。但是菌核病后期会产生浓密的菌丝体、老鼠屎状的菌核和植株腐烂折倒，而疫病发生后期虽会有菌丝出现但是菌丝稀疏并不茂密，病瓜水烂，病斑有些透明，没有可见的菌丝体。两者在细节上有差异。

【发病原因】　菌核病多在重茬地、老菜区发生严重。病菌主要以菌核在田间或保护地中或混杂在种子里越冬。春天子囊孢子随气流、伤口、叶孔侵入，也可由萌发的子囊孢子芽管穿过叶片表皮细胞间隙直接侵入；适宜发病温度为16～20℃，湿度高于85%以上有利于发病。越冬栽培、

图92　疑似菌核病的炭疽病甜瓜叶片

早春低温潮湿、连阴天、多雾天气条件下发病重。

【救治方法】

生态防治：保护地栽培，覆盖地膜，阻止病菌出土。根据病菌不耐干燥的特点，定植秧苗时可考虑带钵去底定植，如图93；或定植后苗秧周围用草木灰覆盖保持土壤表面干燥，如图94。有条件的可采用滴灌设施。尽早排湿、保温，摘除老叶，净化生长环境。及时清理病残体，集中销毁。

图93　带钵去底定植，避免瓜秧阴湿

图94　覆盖草木灰保持表土干燥

土壤消毒：土壤表面药剂处理每100千克土加入2.5%咯菌腈悬浮剂10毫升、68%精甲霜灵·锰锌水分散粒剂20克拌均匀撒在育苗床上。

药剂救治：建议采用甜瓜一生整体保健性防控方案（大处方）进行预防。

（1）四灌三喷法。见第七部分。

（2）喷药。可采用25%嘧菌酯悬浮剂1 500倍液、32.5%吡唑萘菌胺·嘧菌酯悬浮剂1 200倍液、56%百菌清·嘧菌酯悬浮剂800倍液、

50％咯菌腈可湿性粉剂3 000倍液、50％啶酰菌胺可湿性粉剂1 000倍液重点预防。发病后可用25％嘧菌酯悬浮剂1 500倍液+50％咯菌腈可湿性粉剂5 000倍液喷施；重度发生时，摘除病瓜后对所有植株和茎叶用50％啶酰菌胺可湿性粉剂1 000倍液、62％咯菌腈·嘧霉环胺水分散粒剂3 000倍液、50％嘧菌环胺水分散粒剂1 200倍液、50％农利灵干悬浮剂1 000倍液、50％乙霉威可湿性粉剂800倍液等喷雾。或40％嘧霉胺悬浮剂1 200倍液喷施。

叶 枯 病

【典型症状】 甜瓜叶枯病主要为害叶片和果实。叶片感病，初期叶面产生不规则黄褐色病斑，如图95。叶背面病斑边缘清晰、水渍状、圆形、小，如图96，病斑中心略凹陷，呈灰白色，如图97。重症时病斑扩展汇成大块斑，如图98，致使叶片大面积干枯呈深褐色，如图99，逐渐整株叶片脱落。

图95 叶枯病初发时的不规则黄褐色斑点

图96 叶背面呈水渍状边缘清晰的小圆斑

图97 病斑中心略凹陷、灰白色

图98 病斑扩展汇成大块深褐色斑

三、甜瓜病害典型与非典型、疑似症状的诊断与救治 无公害蔬菜病虫害防治实战丛书

图99 大面积病斑干枯的叶片

图100 疑似叶斑病的霜霉病叶片

【疑似症状】 叶片病斑呈水渍状，边缘不清晰，受叶脉限制，但病斑形状不规则，如图100。该症与叶枯病不同的是，没有典型的水渍状的初期小圆斑。根据其水渍状和受叶脉限制以及叶背面有霉状物，判断是霜霉病。

【发病原因】 叶枯病病菌以菌丝和分生孢子在病残体上、越冬保护地栽培的瓜类作物上或多年生葫芦科杂草上，以及附着在种子上越冬，借气流或靠雨水反溅传播。从气孔侵入。发病适温为22～26℃，湿度接近饱和、多雨季节发病重。施用未腐熟的有机肥或旧苗床、种植密度过大、氮肥过量、田间积水易发病流行。

【救治方法】 参见炭疽病防治方法。

黑 斑 病

【典型症状】 黑斑病常发生在甜瓜生长中后期，主要为害叶片。染病初期，叶片上产生水渍状深褐色小斑点，如图101，叶背面病斑周围水渍状晕圈黑色，病斑上有霉状物，如图102，病斑因水渍状晕圈而显鲜亮，逐渐扩展成不规则黑褐色大块病斑，病斑中央有一黑褐色亮斑，病斑的晕圈发展成一条轮纹宽带，如图103；叶子背面病斑连片黑褐色干枯如图104，严重时导致叶片脱落。

【疑似症状】 容易与黑斑病混淆的病害是叶枯病。两者的区别在于病斑颜色和病斑边缘清晰程度，如图105。黑斑病的病斑黑褐色并有水渍状晕圈。叶枯病从点状开始浅褐色，病斑中心灰白色。

　　病斑为不规则受叶脉限制的水渍状，如图106，但颜色较黑斑病浅，呈黄褐色。因病斑颜色较浅和叶背面长灰色霉菌，可判断为重症时期的霜霉病。

图101　病叶上的水渍状深褐色小斑点　图102　叶背面水渍状晕圈及黑色病斑上的霉状物

图103　不规则黑褐色大块病斑

图104　连片黑褐色干枯的叶背面

三、甜瓜病害典型与非典型、疑似症状的诊断与救治　无公害蔬菜病虫害防治实战丛书

图 105　疑似黑斑病的叶斑病叶片　　　图 106　疑似黑斑病的霜霉病叶片

【发病原因】　病菌以菌丝体或菌丝块随病残体或在病叶上越冬，借风雨传播，从伤口或气孔侵入，高温高湿条件下发病严重。春季保护地甜瓜生长后期和露地雨季到来时有利于病害流行。

【救治方法】

选用抗病品种：较抗黑斑病的甜瓜品种有久红瑞、郁金香、元首、风雷及天蜜系列、红城系列等品种。中厚皮的甜瓜品种较薄皮甜瓜品种抗病性强。

生态防治：选择无病种子。

（1）种子包衣。选用6.25%精甲霜灵·咯菌腈悬浮种衣剂10毫升对水150～200毫升可包衣3～4千克种子。

（2）种子灭菌消毒。对种子进行温汤浸种，55～60℃恒温浸种15分钟；或75%百菌清可湿性粉剂500倍液，浸种30～45分钟后冲洗干净催芽，均有良好的杀菌效果。

（3）保温控湿。设施栽培的甜瓜应加强棚室管理，覆膜栽培，膜下浇水，或采用滴灌、微灌技术节水保温、降湿减害。白天温度控制在28～30℃，夜间15℃，相对湿度90%以下；注意放风排湿，适当通风增强光照。

（4）合理施肥。配方施肥，尽量增施生物菌肥，以提高土壤通透性和根系吸肥活力。

（5）轮作与棚室消毒。发病重的大棚应进行轮作倒茬。棚室用硫黄熏蒸消毒。

药剂防治：建议采用甜瓜一生整体保健防控方案（大处方）进行防控。

预防病害可选用56％百菌清·嘧菌酯悬浮剂800倍液、32.5％苯醚甲环唑·嘧菌酯悬浮剂1 000倍液、25％嘧菌酯悬浮剂1 500倍液、32.5％吡唑萘菌胺·嘧菌酯悬浮剂1 000～1 500倍液、10％苯醚甲环唑水分散粒剂800倍液、42.8％氟吡菌酰胺·肟菌酯悬浮剂1 500倍液等喷雾。

细菌性叶斑病

【典型症状】 甜瓜叶斑病是细菌性病害，主要为害叶片、叶柄和幼瓜，在整个生长期均可发生。苗期感病，子叶呈水渍状黄白色凹陷斑点，如图107。叶片感病，初期叶背为浅绿色水渍状斑，如图108，渐变成浅褐色病斑，病斑受叶脉限制呈多角形或不规则状，如图109，感病中期叶背无霉状物，如图110。感病后期，病斑逐渐变灰褐色，棚室湿度大时，叶背面有白色菌脓溢出，干燥后病部脆裂穿孔，如图111。这是该病区别于霜霉病的主要特征。幼瓜感病瓜表面长有油渍状黑褐色凸起斑，如图112，中厚皮甜瓜、薄皮甜瓜染病生褐色凸起斑，如图113、图114。遇晴朗干燥天气，病菌在瓜面生坏死污点斑，不再侵染瓜体内部，如图115。

图108　叶背产生浅绿色水渍状斑

图107　病子叶生水渍状黄白色凹陷斑点

图109 病斑受叶脉限制呈多角形或不规则状

图110 中期病叶背面无霉状物

图111 后期病部干燥后脆裂穿孔

图112 病瓜表面长有油渍状黑褐色凸起斑

图113 薄皮瓜感病后生凸起褐色斑点

图114　中厚皮瓜感病后生凸起斑点

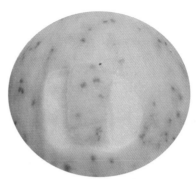

图115　不侵染甜瓜内层的
细菌性污点斑

【疑似症状】　没有水渍状黄褐色斑点，也没有菌脓、角斑，只是围绕叶缘周围有大小不均、密度不同的浅黄色斑块，如图116。考察瓜农用药习惯，是多种药剂混用，或高浓度、大剂量用药，诊断为喷药造成的烧灼药害。

【发病原因】　病原为细菌，可在种子内、

图116　疑似细菌性叶斑病的大剂量喷药烧灼叶片

外和病残体上越冬。病菌主要从叶片、幼瓜的伤口、气孔侵入，借助飞溅水滴、棚膜水滴下落，或结露、叶片吐水、农事操作、雨水、气流传播蔓延。适宜发病温度为24～28℃，相对湿度70%以上均可促使细菌性病害流行。昼夜温差大、露水多，以及阴雨天气整枝绑蔓时损伤叶片、枝干、幼果，均是病害大发生的重要因素。

【救治方法】

选用耐病品种：选用抗寒性强的杂交品种，如郁金香、天宝、天蜜、久红瑞、风雷、元首、天蜜脆梨等。

农业措施： 清除病株和病残体并烧毁，病穴撒入石灰消毒。深耕。注意放风排湿，采用高垄栽培，严禁阴天带露水或潮湿条件下进行整枝绑蔓等农事操作。

种子消毒： 55℃温汤浸种15分钟，或用47%春雷·王铜可湿性粉剂600倍液浸种1～2小时，洗净后播种。

药剂防治： 此病极易与真菌性叶斑病或黑斑病混合发生，为很好地预防细菌性病害，建议采用"阿加组合"防控，即25%嘧菌酯悬浮剂10毫升+47%春雷·王铜可湿性粉剂30克对15升水喷施或淋喷，10～15天喷施一次，配合田间控湿管理，实践证明防控效果理想。也可以单独采用47%春雷·王铜可湿性粉剂400倍液，或3%中生霉素可湿性粉剂800倍液、30%噻唑锌可湿性粉剂800倍液、30%噻菌酮可湿性粉剂800倍液、77%氢氧化铜可湿性粉剂600倍液、27.12%碱式硫酸铜悬浮剂800倍液喷施或灌根。每667米²用硫酸铜3～4千克撒施后浇水处理土壤可以预防细菌性病害。注意农药交替使用，以降低产生抗性的风险。

缘枯病

【典型症状】 缘枯病在保护地栽培的甜瓜上发生较重。主要为害叶片、叶柄和幼瓜。叶片染病，初期叶缘或叶脉周围产生水渍状褐色小斑，如图117，潮湿条件下，叶背水渍状斑迅速扩大为深褐色或黑褐色不规则的坏死大斑，如图118。病斑扩展至叶缘呈V形，如图119。感病中期，病斑从叶缘向深部扩展，呈大面积萎蔫性失绿枯斑，如图120。严重时，叶片大块坏死枯干。叶柄、茎蔓感病，呈褐色坏死，如图121，严重影响产量甚至绝收，如图122。染病幼瓜瓜面长有油渍状失绿斑点，如图123，高湿环境下病瓜腐烂、发臭流出菌脓，如图124。

【疑似症状】 叶片上生不规则疱状褐色病斑，叶背无霉状物和菌脓，如图125。观察病株整体无其他异常，考虑甜瓜蘸花的时间和位置，判断是激素滴落叶面的药害所致。

叶片局部或叶缘不规则失绿性干枯，如图126，未发现霉状物，田间表现均在植株外部叶片普遍发生，经调查走访瓜农，近期有多种药剂和增效剂混喷，应判断是大剂量喷施药剂产生的药害。

图117 染病初期叶缘产生水渍状褐色小斑

图118 深褐色不规则坏死大斑

图119 V形深褐色大斑

图120 叶片大面积萎蔫性失绿枯斑

图121 重度感染缘枯病的甜瓜病株

图122 感染缘枯病而绝收的瓜田

图123 染病长有油渍状失绿斑的甜瓜　图124 细菌性缘枯病发生后期腐烂
发臭的病瓜

图125 疑似缘枯病的激素药害叶片

图126 疑似缘枯病的
喷施性药害失
绿枯干叶片

【发病原因】 缘枯病属于细菌性病害。病原随病残体在土壤中越冬或由种子携带，种传和病残体是病害初侵染的重要来源。病菌从叶孔进入，通过雨水、大水漫灌和农事操作传播。高湿、露水、积水是引起缘枯病发生的重要因素。

【救治方法】 参考甜瓜细菌性叶枯病的防治。

溃疡病

【典型症状】 溃疡病就是北方设施瓜农常说的"亮叶"。病菌侵染幼苗、茎蔓及幼果，结果盛期也可感染。病菌通过植株的输导组织进行传导和扩散。感病初期在叶片表面呈鲜艳水亮状即"亮叶"，如图127。随后染病叶片病斑边缘褪绿，逐渐变水渍状浅黄褐色不规则或暗绿色或黄褐色病斑，如图128。严重时形成水渍状褐色病蔓，如图129。茎蔓染病，呈油渍状阴湿病蔓，如图130，有裂蔓现象，如图131，后期裂蔓褐变，如图132。观察茎秆可见病茎褐变，向上下扩展，如图133。茎内中空病斑下陷或纵裂开，潮湿条件下病茎和叶柄溢出菌脓，如图134。严重时全株枯死，植株上部呈萎蔫青枯状，如图135。幼瓜初期染病呈水渍状腐烂，如图136。不同的季节和栽培条件下溃疡病的发生症状不尽相同。

图127 初期感染溃疡病的叶片——亮叶

图128 中期染病叶片病斑边缘褪绿

图129 油渍状的褐色病蔓

图130 茎蔓染病呈油渍状

图131 染病初期裂蔓

图132 染病后期病蔓纵裂褐变

图133 病蔓褐变向上下扩展

图134 潮湿条件下病茎和叶柄溢出的菌脓

图136 幼瓜染病初期呈水渍状腐烂

图135 重症时病株萎蔫呈青枯状

【疑似症状】

（1）叶片和植株茎蔓呈现严重的黄化和浅褐色圆斑，如图137，植株部分叶柄、叶片枯死，如图138。细心观察叶片没有病菌侵染所特有的水渍状，黄化进程不是从叶缘开始而是在叶片上全面发生，褐斑从叶肉中间坏死，茎蔓未见菌脓和裂蔓，黄化褐斑叶多在外延部位。观察整个棚室，此现象普遍发生且在早春风口位置发生较重，如图139，应诊断为冷害造成的枯死。提高温度抗寒冷是救治的关键。

（2）植株整体萎蔫，不失绿，如图140。萎蔫病株不是普遍发生，而是点片发病，虽有轻微染病黄化现象，但是无菌脓和水渍状病变。拔出病秧可见茎蔓维管束微黄，如图141，后期褐变。应诊断为枯萎病。

（3）叶缘严重黄化，如图142。只是在植株下部发生，无病原物和发病中心。同时考虑发生在高温季节，上部叶片正常，应诊断为肥害烧灼。

图137　疑似溃疡病的冷害黄化叶片

图138　疑似溃疡病的冷害发生状

图139　疑似溃疡病的早春冻害的甜瓜植株

图140　疑似溃疡病萎蔫的枯萎病植株

图141　疑似溃疡病的茎蔓维管束变色的枯萎病病茎

图142　疑似溃疡病黄化症的烧灼性肥害叶片

【发病原因】 甜瓜溃疡病是细菌性病害。病菌侵染幼苗、茎蔓及幼果，结果盛期也可侵染。病菌通过植株的输导组织韧皮部和髓部进行传导和扩展，可在种子内、外和病残体上越冬，可在土壤中存活2～3年。病菌主要从伤口侵入，包括整枝打杈时损伤的叶片、枝干和移栽时的幼根。也可从幼嫩的果实表皮直接侵入。由于种子可以带菌，病菌远距离传播主要靠种子、种苗和鲜果的调运，近距离传播靠雨水和灌溉。保护地大水漫灌会使病害扩大蔓延，农事操作、溅水也会传播。长时间高湿环境和大水漫灌以及暴雨天气发病重。保护地特别是早春设施棚室栽培寒冷季节阴湿环境下发病重。薄皮甜瓜较厚皮瓜易感病。

【救治方法】

生态防治：清除病株和病残体并烧毁，病穴撒入石灰消毒。采用高垄栽培，如图143。避免带露水或潮湿条件下及阴天时整枝打杈等农事操作。

种子消毒：温汤浸种，即55℃温水浸种30分钟，或70℃干热灭菌48～72小时。

药剂防治：北方设施栽培的甜瓜，因棚室湿度过大溃疡病会

图143 高垄栽培甜瓜

与灰霉病混合发生。预防溃疡病初期可选用"阿加组合"进行真菌、细菌综合防控。即25%嘧菌酯悬浮剂10毫升+47%春雷·王铜可湿性粉剂30克对15升水喷雾或淋喷，10～15天施一次。配合田间控湿管理，实践证明效果理想。也可以单独采用47%春雷·王铜可湿性粉剂400倍液、3%中生霉素可湿性粉剂800倍液、30%噻唑锌可湿性粉剂800倍液、30%噻菌酮可湿性粉剂800倍液喷施。

细菌性斑点病

【典型症状】 甜瓜细菌性斑点病主要为害叶片、茎蔓和幼瓜。整个生长期病菌均可侵染。叶片染病，生水渍状圆形凹陷斑，如图144。病斑逐渐呈褐色，有晕圈透明，如图145；干燥环境下病斑易破裂穿孔，

如图146;潮湿环境下有菌脓溢出。这是区别于霜霉病的主要特征。幼瓜感病,瓜表面生油渍状黑褐色污点斑,如图147;遇晴朗干燥天气,病瓜面生坏死污点斑,不再侵染瓜体内部,如图148。

图144 病叶生水渍状圆形凹陷斑

图145 病斑逐渐呈褐色,有晕圈透明

图146 干燥环境下病斑破裂穿孔

图147 病瓜生油渍状污点斑

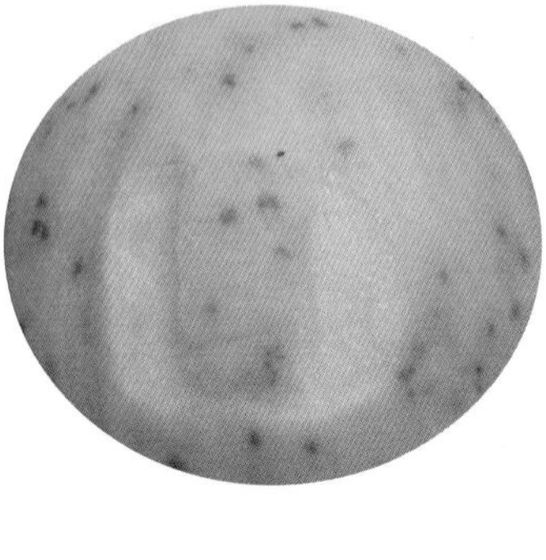

图148 不侵染瓜体内层的细菌性污点斑甜瓜剖面

【疑似症状】

（1）叶斑边缘清晰，无斑晕，白化，疑似细菌性叶斑病，但没有细菌性病害侵染甜瓜初侵染时的水渍状黄褐色斑点，也没有菌脓、角斑，只是围绕叶缘周围有大小不均、密度不同的浅黄色斑块，如图149。询问瓜农用药习惯，是多种药剂混用、高浓度施药和大剂量用药，判断为药剂渗透性灼伤药害。

（2）查看叶背，无阴湿，病斑十爽无异味，病斑不受叶脉限制，询问菜农近期喷药种类，有增施有机硅或乳油类药剂施药史，判断为渗透性灼伤药害。甜瓜叶片细胞壁角质层薄，含水量大，增施有机硅或乳油都会增加叶片的吸收渗透速度，增加叶片细胞呼吸代谢，导致叶片失水性褪绿直至白化死亡，呈现出烧灼性脱水斑块症状，如图150。

图149　疑似细菌性斑点病的混用药剂药害斑

图150　疑似细菌性叶斑病的渗透性药害斑

细菌性斑点病与真菌性叶斑病常混淆发生。因均为斑点白化，极易误诊。真菌性叶斑病病斑边缘清晰，有晕圈，在潮湿环境下不穿孔。高湿条件下晕圈水渍状，叶背面有霉状物是诊断的关键。细菌性叶斑病在潮湿条件下病斑穿孔。这是在设施栽培环境下的诊断依据之一。

【发病原因】　斑点病为细菌性病害。露地、雨水多的地方发生重。病菌在种子内、外和病残体上越冬。病菌主要从叶片或瓜的伤口、叶片气孔侵入，借助飞溅水滴、棚膜水滴、叶片吐水、农事操作、雨水、昆虫、气流传播蔓延。发病温度范围在15～30℃，适宜发病温度为24～28℃，相对湿度80%以上均可促使细菌性病害流行。但是50℃时有10分钟细菌就会死亡。昼夜温差大、突发大雨、田间积水、重茬、低洼、排水不畅、棚内放风不及时，以及阴雨天气整枝绑蔓损伤叶片、枝干、幼嫩的果实，均是病害大发生的重要因素。

【救治方法】

选用耐病品种：设施栽培引用抗寒性强的品种，露地种植耐强光和耐大温差的品种，如金典、郁金香等品种。

农业措施：清除病株和病残体并烧毁，病穴撒入石灰消毒。深耕土地，及时清除病残体，设施种植的，清秧后立即高温闷棚（技术见枯萎病），大水漫灌后，凉墒，排湿后再种植，防病效果非常明显。

种子消毒：用55℃温水浸种15分钟，或47%春雷·王铜可湿性粉剂600倍液浸种1~2小时，洗净后播种。

药剂防治：细菌性斑点病极易与真菌性叶斑病混合发生，建议采用所谓的"阿加组合"防控，即25%嘧菌酯悬浮剂10毫升+47%春雷·王铜可湿性粉剂30克对15升水喷施或淋喷，10~15天喷施一次。配合田间控湿管理，实践证明防控效果理想。

发病后可选用47%春雷·王铜可湿性粉剂400倍液、3%中生霉素可湿性粉剂600倍液、2%春雷霉素水剂400倍液、30%噻唑锌可湿性粉剂800倍液、30%噻菌酮可湿性粉剂800倍液或77%氢氧化铜可湿性粉剂600倍液、27.12%铜高尚悬浮剂800倍液喷施或灌根。注意药品交替使用，降低抗性风险。

枯 萎 病

【典型症状】 甜瓜枯萎病是土传病害，发病一般在开花结瓜初期，如图151。北方棚室栽培的甜瓜此时正直春季寒冷时节，感病植株叶片表现出一种特殊的表面似水渍状半边黄化的瓜农常说的"亮叶"症状，如图152。发病初期先表现为上部或部分叶片、侧蔓或叶片半边黄化，如图153。植株生长较一般植株矮化、簇状卷曲，如图154；发病中期因营养水分供应不足，感病部位先出现失绿逐渐萎蔫，如图155，呈营养不良状。发病后期中午时植株呈失水萎蔫状，如图156，看似蒸腾脱水，晚上恢复原状。而后萎蔫部位或染病植株不断扩大增多，呈多株普发状，逐步遍及全株致使整株萎蔫枯死，如图157。接近地面茎蔓纵裂，输导组织维管束病变，如图158，湿度大时严重感病植株枯死茎蔓表面生有灰白色霉状物。缢缩茎蔓全部枯死，如图159。

图152　半边黄化褪绿叶片

图151　枯萎病整株萎蔫状

图153　初期侧蔓或叶片半边黄化

图154　感病初期，植株生长较一般植株矮化和簇状卷曲

图155 感病中期植株逐渐失绿黄化

图156 感病后期整株失水萎蔫

图158 茎蔓输导组织维管束病变

图157 田间植株多发萎蔫枯死

图159 重症枯萎病整株枯死状

【疑似症状】

（1）植株整体表现为叶片黄化、发亮，即所说的"亮叶"，如图160，植株有萎蔫现象，如图161。也是瓜农常与枯萎病混在一起并论的"亮叶"症状。拔出植株茎蔓无维管束变褐现象，却有水渍状菌脓病斑，后期瓜、叶有腐烂现象。随着气温上升和棚室湿度降低，此病会得到控制和恢复，长出健康新叶。而枯萎病则不能恢复。溃烂和菌脓是溃疡病特有的症状也是与枯萎病的主要区别。

图160　疑似枯萎病的溃疡病"亮叶"症

图161　疑似枯萎病的溃疡病感病茎蔓萎蔫

（2）保护地甜瓜一般在结瓜中后期出现不同程度的整株黄化萎蔫，如图162。询问瓜农得知，连年种植瓜菜土壤有机肥不足、化肥施用过量、土壤盐渍化、根系吸肥障碍，导致营养不足而引起生理性萎蔫；拔出植株查看，根茎维管束颜色无枯萎病的褐变。改良土壤、活化土壤中有机肥的有效性是改善症状的关键。

图162　疑似枯萎病的土壤盐渍化吸肥障碍性萎蔫

（3）植株萎蔫，叶片黄化，如图163，茎蔓维管束无病变，全棚室植株叶片均下垂，植株大面积萎蔫，如图164。观察整个棚室，沿风口处黄化萎蔫现象严重，背风处稍温暖的地方症状较轻，死秧较少。随着春季温度上升或定植较晚的棚室，此症状发生较轻。判断是低温冷害造成的黄化枯死。

图163　疑似枯萎病的冷害黄化叶

图164　疑似枯萎病的冷害植株大面积萎蔫

图165　疑似枯萎病"亮叶"的蘸花药液滴漏黄化斑叶片

（4）叶片边缘生褪绿大块黄斑，如图165疑似枯萎病早期褪绿。但，查看斑块稍有疱状。症状无扩展，只是偶发。症状发生部位多为辅助授粉瓜胎下部叶片，判断是蘸花药液滴漏刺激叶片产生黄化斑。

【发病原因】　枯萎病菌系镰孢菌为害，通过维管束从病茎向果实、种子形成系统性侵染。苗期到生长发育期均可染病。病原以菌丝体、厚垣孢子或菌核在土壤、未腐熟的有机肥中越冬，可在土壤中存活7年以上。从伤口、根系的根毛细胞间侵入，进入维管束并在维管束中发育繁殖，堵塞导管致使植株迅速萎蔫并逐渐枯死。发病适宜温度为24～25℃。病害发生严重程度取决于土壤中的菌量。重茬、连作、土壤干燥和黏重发病严重。

【救治方法】

选用抗病品种：抗病品种有金典系列、郁金香、久红瑞等，均有较好的抗枯萎病的作用。

生态防治：

（1）种子包衣消毒。可选用6.25%精甲霜灵·咯菌腈（亮盾）悬浮种衣剂10毫升对水150～200毫升，可包衣3～4千克种子。

（2）土壤消毒。采用营养钵育苗，营养土消毒，建议采用一次性无菌营养基质。

（3）加强田间管理。适当增施生物菌肥、有机肥和磷、钾肥。降低田间湿度，增强通风透光。收获后及时清除病残体，并进行土壤消毒、高温闷棚杀菌。

（4）嫁接防病。采用黄籽或白籽南瓜（图166）与甜瓜嫁接，是当前最有效防治枯萎病的方法。嫁接方式有许多种，生产中常用靠接（图167）、插接（图168）、劈接等方式。

图167　靠接法嫁接的甜瓜苗

图166　育好备用的南瓜砧木苗

图168　插接法嫁接的甜瓜苗

嫁接技术提示：靠接法嫁接，接穗先于砧木10天左右播种育苗。插接法嫁接，砧木先于接穗播种7～10天左右播种育苗。

（5）高温闷棚土壤消毒。

操作方法：

a. 对连年种植的重茬地块，利用夏季休闲期，选择连续高温天气，将腐熟的农家肥6～7米^{3}混入碳酸氢铵10千克，每667米^{2}加入2 500千克粉碎后的秸秆均匀撒施于棚室土壤表面，如图169。

b. 撒施促进秸秆腐熟和软化的腐菌酵素，每667米^{2}2～4千克，如图170。

c. 深翻旋耕，土壤深翻40～50厘米，如图171。

d. 浇水，大水浇透，但不要有明水，地面呈现湿乎乎的感觉为适，如图172（土壤含水量从视觉上看不到积水为适宜）。

e. 覆盖地膜闷棚，如图173。一般7～8月闷棚20～30天（也可15天后深翻，再次大水漫灌闷棚持续15天，这样可有效减轻线虫病为害。处理后的土壤栽培前应注意增施磷、钾肥和生物菌肥，一般每667米^{2}增施生物有机肥约50千克）。插上地温表，测试不同耕作层的土壤温度，如图174。一般测试耕作层10厘米和20厘米土壤温度要求达到40℃以上。

封闭闷棚结束后，揭去地膜，耙晒土壤1周后即可播种。

图170 撒施促进秸秆腐熟和软化的腐菌酵素

图169 均匀撒施农家肥、尿素、粉碎后的秸秆于棚室土表

图171　深翻旋耕

图172　大水浇透，不要有明水

图173　覆盖地膜闷棚

图174　测试不同耕作层的土壤温度

（6）定植时沟施生物菌药处理。每667米²用10亿个/克枯草芽孢杆菌可湿性粉剂（枯黄萎菌株系）2～4千克拌药土对每株穴施后定植，对枯萎病有较好的预防效果。

　　甜瓜枯萎病最佳防治时期有两个：一个是定植前每667米²沟施枯草芽孢杆菌2千克，另一个是初瓜期每667米²淋根或冲施枯草芽孢杆菌2～3千克。尤其是重茬死秧严重的地块，活化土壤、刺激根系土壤活性、增施有机肥是解决土传病害的根本措施。

　　药剂防治：

　　（1）四灌三喷法。见甜瓜一生病害防控整体解决方案，见第七部分。

　　（2）灌根施药法。每667米²可选用30亿个/克枯草芽孢杆菌可湿性粉剂（枯萎菌株系）1千克定植前撒药土或800倍液淋根，或80%多菌灵可湿性粉剂600倍液、75%百菌清可湿性粉剂800倍液、2.5%咯菌腈

二、甜瓜病害典型与非典型、疑似症状的诊断与救治

无公害蔬菜病虫害防治实战丛书

悬浮剂1 000倍液、70%甲基硫菌灵可湿性粉剂500倍液，每株250毫升，分别在生长发育期、开花结果初期、盛瓜期连续灌根，早防早治效果明显。

蔓 枯 病

【典型症状】 主要为害茎蔓和叶片、叶柄。叶片多从叶缘开始发病，叶柄从基部开始长有不规则深褐色坏死斑，如图175。有瓜打顶现象。茎蔓染病初期，茎节部位形成水渍状深绿色纵裂，如图176，严重时发展为褐色，如图177。苗期感病，茎蔓、叶柄初深褐色坏死进而倒伏萎蔫，如图178；逐渐扩展到茎基部，呈深绿色或灰白色不规则坏死纵裂，如图179、图180；后期导致萎蔫性枯死，如图181。生产中常因蔓枯病发生使植株枯萎，如图182，致使甜瓜严重减产。

图176 茎蔓染病初期的水渍状深绿色纵裂

图175 叶缘深褐色坏死斑

图177 茎蔓感病的褐色纵裂

图178 苗期染病叶柄深褐色坏死秧苗
　　　倒伏

图179 茎蔓纵裂有灰白色霉

图180 染蔓枯病稍萎蔫的甜瓜植株

图181 茎蔓枯死的植株

图182 因重发蔓枯病而减产的瓜田

【疑似症状】 生产中蔓枯病常与枯萎病、与土壤盐渍化导致的缺素症混淆，例如：

（1）叶片僵硬，叶缘深褐色枯死，如图183，植株茎蔓黄褐色逐渐干枯死亡，如图184。查其根部无毛细根，主根黄褐色，土壤表面绿苔丛生或泛出盐渍。判断该症状应该与土壤盐渍化或施入过多氮素有关。

图183 疑似蔓枯病的氮素过剩烧叶症

图184 疑似蔓枯病的土壤盐渍化根系障碍性萎蔫

（2）叶片萎蔫，没有褐色病斑，植株逐渐脱水萎蔫，查看根部茎蔓维管束有褐变，此症应该是枯萎病，如图185。

（3）植株大面积萎蔫，叶片褪绿性黄化，如图186。种植季节为早春，判断为早春冷棚种植低温冷害。

【发病原因】 病菌附着在病残体上、土壤内和棚室内越冬，也可在种子表皮上越冬。通过浇水、气流或农事操作传播。病菌传播适宜温度为20～

图185 疑似蔓枯病的枯萎病植株

24℃，空气湿度在85%以上、种植密度过大、通风不良容易发病。施用氮肥过量或缺肥、大水漫灌、连作、平畦种植、排水不畅均利于病害发生。

【救治方法】

生态防治：

（1）轮作倒茬，与非葫芦科作物实行2～3年轮作。清除病残体。

（2）种子消毒。55℃温水浸种30分钟，或70℃干热灭菌48～72小时，或每千克种子用硫酸链霉素200毫克浸种2小时。

图186 疑似蔓枯病的冷害性萎蔫

（3）合理施肥，施足有机肥，增施生物菌肥、氨基酸钾肥。生产中增施海藻菌肥对改善土壤活力、减轻蔓枯病为害有明显的效果。

（4）高温闷棚。春茬收获后拉秧闷棚对防控土传病害是必须要进行的农事操作。具体方法见枯萎病的生物防治。

药剂防治：

定植时沟施生物农药处理：每667米²用30亿个/克枯草芽孢杆菌可湿性粉剂（枯黄萎菌株系）2～3千克拌药土穴施后定植，有较好的预防效果。尤其是重茬死秧严重的地块，可活化土壤、刺激根系活性，增施生物有机肥增加土壤生物活性是解决土传病害的有效措施。

甜瓜蔓枯病综合防控可采用甜瓜—生病害防控整体解决方案（见第七部分）。

灌根、喷药：可选用30亿个/克枯草芽孢杆菌可湿性粉剂800倍液，或80%多菌灵可湿性粉剂600倍液、75%百菌清可湿性粉剂800倍液、2.5%咯菌腈悬浮剂1 000倍液、70%甲基硫菌灵可湿性粉剂500倍液喷施或灌根。有的瓜农采用32.5%苯醚甲环唑·嘧菌酯悬浮剂1 000倍液+40%春雷·王铜可湿性粉剂400倍液混配后喷施和涂抹裂蔓病茎处，效果非常好。

病 毒 病

近些年来，设施甜瓜病毒病的发生有所抬头，原本不作为重点病害，这几年下乡频频看到甜瓜病毒病发生较重。这与设施栽培、种传和生态防治不足有很大的关系。在设施栽培中，防治传毒媒介是防治病毒病的重中之重。

【典型症状】 甜瓜病毒病的症状有花叶、黄化、畸形等多种。生产中常见的主要有花叶，如图187，叶脉稍透明，叶色深浅不一形成斑驳花叶，如图188，植株有明显畸形或矮化。严重时，叶片凹凸不平、皱缩畸形，植株生长缓慢明显矮化，如图189、图190。幼瓜感病，瓜面凹凸不平、畸形，无商品价值，如图191，非常疑似黑星病病瓜。

图187　甜瓜病毒病花叶症状

图188　叶色深浅不一形成斑驳

图189　皱缩畸形花叶症

图190　植株矮化丛簇状

【疑似症状】 在现实生产中，我们会遇到许多药害症状与病毒病症状相似，也是菜农经常误诊而乱用农药造成损失的误区。

（1）"疱疹病斑"，如图192，常误诊为病毒病。在区别此类病症时首先查看上部叶片与下部叶片是否一致，整个植株长势是否与周围植株相同，无矮化现象。病毒病的症状是褪绿、丛簇、矮化、花叶、坏死等系统性全株性发生。而此病症则是接近植株中下位置叶片局部发生凹凸不平的泡泡状病斑，

图191 无商品价值的畸形甜瓜

其他生长正常，观察到有辅助授粉作业，判断与药剂蘸花有关。

（2）甜瓜叶片成斑驳状花叶，叶面稍有凹凸不平，阴湿，如图193，查看下部位的叶片没有系统性症状，季节是早春，高湿和寒冷环境，应该判断是高湿环境下的寒害所致花叶。

（3）甜瓜无畸形，瓜面有深浅不一的水渍斑，如图194，观察叶片有褐色病斑穿孔，但没有斑驳花叶、应该是细菌性叶斑果实。

（4）幼瓜畸形但生长正常，瓜面凹凸不平，如图195。颜色正常，植株无异常，有使用膨大素喷瓜史，应判断是喷施膨大素药剂不均匀造成的疙瘩瓜。

图193 疑似病毒病花叶的高湿寒害造成的花叶

图192 疑似病毒病的蘸花药液滴落刺激叶片产生凹凸疱斑

图194 疑似病毒病的细菌性斑点病病瓜　图195 疑似病毒病施用膨大剂不均匀
所致疙瘩瓜

【发病原因】 病毒是不能在病残体上越冬的，只能以冬季尚还生存的植物，包括种植在棚室里的蔬菜、棚内存活的多年生杂草、蔬菜种株为寄主存活越冬。翌年，靠昆虫、接触摩擦、伤口、整枝打杈等农事活动传染。蚜虫、蓟马取食传播，是病害发展蔓延的主要渠道。高温干旱有利于蚜虫繁殖和传毒，适合病毒病发生。田间管理粗放、杂草丛生和紧邻十字花科留种田的地块发病重。防治病毒病铲除传毒媒介是关键中的关键。

【救治方法】

建议采用不同栽培季节甜瓜一生保健系统化防控大处方，见本书第七部分。

生态防治：

（1）彻底产除田间杂草和越冬存活的蔬菜老根，尽量远离十字花科制种田种植。越冬蔬菜棚室，换茬时要彻底清理棚室，不留生长植物包括杂草，切断蚜虫的食源（最好用药剂熏棚），一周后再定植下茬作物。

（2）选用较抗病或耐病品种，如金典、红优系列等。

（3）增施有机肥，培育壮苗；加强中耕，及时灭蚜增强植株自身的抗病毒能力是关键。

（4）利用蚜虫、蓟马的趋避作用，设置黄板、蓝板诱杀蚜虫、蓟马；还可辅设银灰膜避蚜。

（5）育苗时加防虫网，采用"两网一膜"（即防虫网、遮阳网、棚膜）来降低棚温和蚜虫、白粉虱、蓟马的为害，加防虫网是设施蔬菜棚室最有效阻断传毒媒介的措施。

药剂防治：

种子处理：用10%磷酸三钠浸种30分钟，清水冲洗后催芽播种。

灌根：用强内吸剂进行一次性防控，持效期长达25~30天，把蚜虫、蓟马防控在总数量相对较低的时期。方法是在移栽前2~3天，用25%噻虫嗪可分散粒剂1 500 ~ 2 500倍液（或1喷雾器水加6 ~ 8克药），或70%噻虫嗪悬浮剂3 000倍液喷淋幼苗。使药液除喷叶片以外还要渗透到土壤中，平均每667米^{2}用药50毫升。

喷药：可选用24%噻虫嗪·高效氯氟氰菊酯微囊悬浮悬浮剂1 200倍液，或25%噻虫嗪水分散粒剂1 500倍液、10%吡虫啉可湿性粉剂1 000倍液、2.5%高效氯氟氰菊酯水剂1 500倍液灭蚜、灭粉虱。

病毒病早期可选用20%盐酸吗啉胍可湿性粉剂500倍液，或20%吗胍·乙酸铜可湿性粉剂500倍液、1.5%烷醇·硫酸铜水剂1 000倍液喷施，有一定的缓解抑制作用。

线 虫 病

【典型病症】 线虫病瓜农俗称"根上长疙瘩"的病。主要为害植株根部，如图196。根部受害后产生大小不等的瘤状根结，如图197。剖开根结感病部位有很多细小的乳白色线虫埋藏其中。植株地上部生长衰弱，中午时分有不同程度的萎蔫现象，并逐渐枯黄。

【发病原因】 此虫生存在5 ~ 30厘米的土层中。以卵或幼虫随病残体在土壤中越冬。借病土、病苗、灌溉水或跨区域秧苗运输、人为携带传播。可在番茄、甜瓜、芹菜、胡萝卜、菠菜、生菜、大白菜等作物上

图196 秧苗期线虫在根须上为害

图197 根系上生大小不等的瘤状根结

寄生残存，可在土中存活 1～3 年。在条件适宜时由虫瘿或越冬卵孵化出幼虫在土壤中移动到根尖，由根冠上方侵入定居在根部生长点内，其分泌物刺激导管细胞膨胀，形成巨型细胞或虫瘿，称根结。田间土壤的温湿度是影响卵孵化和繁殖的重要条件。一般喜温蔬菜生长发育的环境也适合线虫的生存和为害。随着北方深冬季种植甜瓜面积的扩大和种植时间的延长给线虫越冬创造了很好的条件，重茬的棚室甜瓜发病尤其严重。越冬栽培甜瓜产区线虫病害发生普遍，已经严重影响了冬季甜瓜生产和效益。

【救治方法】

生态防治：

（1）无虫土育苗。选大田土或没有病虫的土壤与不带病残体的腐熟有机肥以 6：4 的比例混均，每立方米营养土加入 100 毫升 1.8% 阿维菌素混均用于育苗。

（2）北方冬季停种一茬，冬季大水漫灌后深翻晾垡，切断线虫越冬存活场所，可有效减少越冬虫源，翌年春季再播种。

（3）与叶菜类等非寄主作物轮作。科学试验示范田间测定表明，甜瓜与芫荽（香菜）、油菜两个叶菜作物轮作，春秋倒茬，对线虫病防控效果明显。

（4）高温闷棚处理。见枯萎病防治中的高温闷棚技术操作程序。

药剂防治：每 667 米^2 用 10% 噻唑磷颗粒剂 1.5～2 千克沟施后洒水封闭盖膜，1 周后松土定植；或用 1.8% 阿维菌素水剂 300～400 毫升对水沟施；或 5% 噻虫胺颗粒剂 2 千克均匀施于定植沟穴内。不提倡结瓜期施用药剂，并注意农药安全间隔期。

三、甜瓜生理性病害的诊断与救治

在蔬菜生产一线，菜农对生理性病害的认知非常模糊，由于施肥和栽培管理不科学导致的生理性病害已经成为影响蔬菜生产的重要障碍。生理性病害占病害发生比率正逐年提高，因误诊而误用农药产生的各种药害、肥害现象普遍发生。又因多种农药混用造成的复合症状，给诊断带来更大的难度。实践中，应以病害发生部位和症状来分类诊断。

低温障碍

【症状】

越冬和早春栽培中，甜瓜苗期环境温度低于13℃，叶片外翻下垂，如图198；大温差10℃以下的生长环境中出现的水渍状紫色叶片，如图199；甜瓜持续生存在5～8℃条件下，或常有零下寒冷状况，或突然的霜降叶片褪绿出现黄斑点花叶，如图200、图201；持续寒冷整个植株白化萎蔫性枯死，如图202；植株叶片褪绿性黄化、干枯，或褪绿性白化是甜瓜冻害的基本症状表现。

图198　甜瓜苗叶片外翻下垂状

图199　水渍状紫色叶片

图200 褪绿性寒害花叶

图201 叶片褪绿产生枯斑

图202 冻害环境中的
田间甜瓜植株

【发病原因】 甜瓜是耐热不耐寒的喜温作物，对寒冷的耐受程度是有限的，根系生长最低温度为8℃。甜瓜对低温非常敏感，遇霜即死。温度低于13℃时植株停止生长，当冬春季或秋冬季节栽培或育苗时，如遭遇寒冷，或长时间低温或霜冻，甜瓜植株会产生低温障碍症状。甜瓜的生长适温为昼温18～35℃，夜温18～22℃。低于13℃生长发育停止。根系低于8℃时会引起生理性紊乱，茎叶停止生长，导致寒害，低于4℃时叶片细胞中的水分结冰，引起冻害，生存在寒冷的环境里，叶肉细胞会因冷害结冰受冻死亡，突然遭受零下温度会迅速被冻死。

分苗、移栽浇水量过大、持续低温阴天、土壤积水通透性差，根系吸氧不足，发病重。

【救治方法】

（1）选择适栽品种。选择耐寒、抗低温、耐弱光的品种：如绿宝系列、伊丽莎白、郁金香、天蜜、脆蜜、盛开花等品种。

（2）采取保温措施。如果是越冬栽培的甜瓜，棚膜厚度必须在1.0毫米（10个斯）以上，用韧性拉力强的大棚膜做坚实保温基础。科技示范户多采用1.2毫米的大棚膜，保温效果不错。根据生育期确定地温保苗措施，避开寒冷天气移

图203　越冬栽培甜瓜地面铺盖秸秆保温

栽定植。育苗期注意保温，采用加盖棉毡，厚度在每平方米重3～4千克。如是草毡，最好为双层外加棚裙稻草围护。深冬时节栽培可采用双棚膜加地膜覆盖，行间地面铺上碎秸秆或稻壳等保温措施，如图203，以加快缓苗速度，抵抗冷害。

突遇霜寒，应采取临时加温措施，可以架设二膜、三膜，或烧煤炉等。定植后提倡全地膜覆盖，可以采取多膜覆盖，可有效地保温。控制棚室湿度采取膜下渗浇、小水勤灌补水，切忌大水漫灌，有利于保温排湿。如果有条件定植水建议晒水增加水温，以加快缓苗，增强植株抗性。

有条件的可安装滴灌、微喷设施，既可保温降湿还可有效利用滴灌设施进行水肥药一体化统防统一管理，减少发病机会，降低用人成本和施药次数。做到合理均衡地施肥浇水，这是蔬菜产业发展的必然趋势。

（3）药剂防御。选用55%益施帮水剂25毫升对水15升，或30亿个/克枯草芽孢杆菌可湿性粉剂300倍液、3.4%赤·吲·乙芸（碧护）可湿性粉剂4 000～5 000倍液［3克药（1袋）加15千克水（1喷雾器水）］、10%阿尔比特水分散粒剂5 000倍液喷施，可以增强甜瓜的抗寒能力。

高温障碍

【症状】

热害：棚室气温持续在40℃以上时，初期上部叶片叶缘向上微卷，

如图204；后期叶片叶缘失水、萎蔫，向下卷曲，叶边干枯，如图205。夏季或初秋种植甜瓜，持续高温接近40℃甚至以上时，叶脉间叶肉褪绿，形成黄色斑驳。部分或整个叶片褪绿黄化，如图206。在高温强光条件下喷药或高温时滴水，接近地膜处叶片会产生蒸腾后脱水性日烧枯干现象（日烧），如图207。突然撤掉棚膜，植株由弱光照改变为强光照和高温环境，叶片会产生黄化皱缩或白化脆叶状，如图208。

发酵瓜：幼瓜初期生长正常，高温条件下停止生长并开始变形，果面上有褐色凹陷但不腐烂，呈干腐状化瓜，如图209。成熟期，开始转变糖分时，从瓜内开始出现水渍状软腐，如图210继而发酵并发出臭味，如图211。

图205　高温后期叶缘向下弯曲萎蔫至干枯

图204　高温初期上部叶片叶缘向上微卷

图206　高温障碍导致叶片褪绿黄化

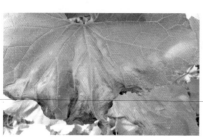

图207　高温热害导致的脱水性干枯叶片

图208 突发性高温强光造成的白化脆叶

图209 幼瓜高温条件下停止生长，变形呈干腐状化瓜

图210 高温障碍导致水渍状糖心瓜

图211 高温果腐褐变病瓜剖面

【发病原因】 在白天气温38℃以上，夜间25℃以上时甜瓜生长受到抑制，代谢异常，叶片蒸腾过度，导致细胞脱水，呼吸消耗大于光合积累，出现褪绿性黄化，越夏棚室气温超过45℃时叶片发生灼伤，叶缘干枯，植株黄化、萎蔫、卷叶和产生发酵瓜、糖心瓜现象。如果还在近中午时喷施叶面肥或药剂，药液（肥液）在极高温环境下渗透过快和水温太高可导致叶片烧灼性烫伤。干旱、炎热夏季暴雨后放晴条件下受害症状更严重。

甜瓜发酵，在坐瓜后半程已开始潜伏发生，只是幼瓜含糖量低，症状不显现。随着甜瓜成熟，糖分增加，果实内部逐渐呈水渍状，伴有臭味产生。除高温外其他原因还有待于研究和考察。仅就北方保护地栽培现场观察看，甜瓜生长后期发生发酵瓜的地块，与氮中毒、缺钙、土壤盐渍化程度有关。过量施氮肥，会造成缺钙、镁、硼肥，使植株体内多项微量元素缺失，甜瓜生长后期大棚夜间温度高，会造成碳水化合物的供给不足和碳水化合物的代谢与分布不均，糖分转化过快加剧果肉的产生水渍状发酵。

【救治方法】

选用适栽品种：可选用久红瑞、天蜜、龙甜1号等较耐高温的品种。

生态防治：秸秆还田，增施有机肥，改变土壤盐渍化状态，改善土壤通透性状，配方施入氮、磷、钾肥和复合肥。开花坐果期应注意施用复合肥，供给充足的钙和镁肥，适量施入锌、硼、铁等微量元素非常重要。合理密植，及时补水，防止植株过密。适时采收，及时清除烂瓜。

增强抗逆性喷药：可选用55%益施帮水剂25毫升对水15升或3.4%赤·吲·乙芸（碧护）可湿性粉剂3 000倍液喷施，可缓解因高温造成的生理性伤害。

土壤盐渍化障碍

【症状】 植株生长缓慢、矮化，叶缘烧灼性褐色枯干，如图212。主根呈褐色不发须根，如图213；直至根系丧失生存活力，导致萎蔫性枯死，如图214。因温差大或突发恶劣天气常有裂叶现象，花芽、生长点细胞分化缓慢，如图215。

【发病原因】 在重茬、有机肥严重不足、盲目追求高产而大量施用化肥的地块，经常发生甜瓜营养不良的现象。种植者忽视实际地力水平，唯恐地力"劲儿小"，为追求产量，缩短间隔期长期施用化肥，使

图212 叶缘浅褐色枯边

图213 不发须根主根呈褐色

图214　重度盐渍化土壤致使根系丧失　　图215　盐渍化土壤环境下植株生长点
　　　　生存活力，植株萎蔫性枯死　　　　　　　生长缓慢

土壤中的硝酸盐大量积累。由于土壤中的盐分不会或很少向下淋失，造成盐分借毛细管水上升到表土层积聚，使根压过小，根系对各种养分吸收输导困难，植株生长缓慢。植株根压过小，反而向植株索要水分造成局部水分倒流；同时保护地棚室中的温度高，蒸发量大，因根压不足，植株吸收水分和养分能力下降，进而供应地上部的养分不足，叶片首先表现为叶缘脱水后枯干，逐渐引发整株盐渍化枯萎。

　　【救治方法】 解决土壤盐渍化障碍的根本办法是改良土壤。改善土壤的板结现状，增强土壤的通透性。应增施有机肥，增加土壤活性物质和通透性即"秸秆还田"，高温闷棚，测土施肥，尽量不施用容易增加土壤盐类浓度的化肥，如硫酸铵等。

　　重症地块可灌水洗盐，泡田淋失盐分。及时补充因洗盐流失的钙、镁等微量元素。深翻土壤，在每年夏季换茬高温闷棚时节，最大化的增施腐熟秸秆等松软性物质，加强土壤通透性和吸肥性能。在一线实际解救盐渍化障碍棚室的操作中，每冲施 1~2 次速效水溶肥后应施一次海藻肥或枯草芽孢杆菌液、生物钾肥、海藻肥中的蓝绿藻菌，可以帮助积存在土壤中的氮素被有效吸收传导，有利于植株健壮和瓜果优质。

缺 钾 症

　　【症状】 缺钾时老叶先出现症状，叶片暗绿，叶尖、叶缘变浅黄白色，如图216，叶片发暗没有光泽，而后变成浅褐色直至枯干坏死，如图217。

75

三、甜瓜生理性病害的诊断与救治 无公害蔬菜病虫害防治实战丛书

图216　植株下部叶片叶缘变浅黄白色　　图217　植株叶缘干枯呈褐色坏死

【发病原因】　钾肥易在土壤中流失，而人们更重视施用氮肥。在黏土和沙质土壤环境里，钾容易被固定，因而常发生缺钾症。在蔬菜栽培中需要钾肥的量大。甜瓜的需钾总量与氮相当，但是钾的吸收易受多种因素影响，如土壤质地、土壤微生物的活力等。农家肥未腐熟也会抑制钾肥的吸收，因此生产中追肥或冲施肥时钾肥的施入量应该高于氮肥，同时考虑钾肥流失因素，增加生物钾肥的施入、海藻肥的冲施有利于钾肥的吸收，而利于甜瓜直立生长和瓜皮光亮，卖相好。

【救治方法】　增施有机肥，如冲施生物钾肥、海藻肥可改善土壤中生物的活性和地力，多施硝态氮利于钾的吸收，同时补充氮肥。注意中耕松土和及时排水。可喷施腐植酸钾肥如"爱沃富叶面肥"600倍液，或55%益施帮水剂600倍液，示范效果非常好。

氮（中毒）过剩症

【症状】　植株组织柔软，叶片肥大，叶柄细长，贪青徒长，叶色浓绿，如图218；叶片卷曲、拧转，如图219；花芽分化和生长紊乱，易落花落果。过量施用氮素还会造成氨气熏蒸，致使秧苗叶片褪绿黄化或枯干死亡，如图220。

图218　植株叶片肥大、贪青、浓绿

图220 秧苗因氨气熏蒸致
使叶片黄化

图219 叶片拧转

【发病原因】 过量施入氮肥，氮肥转化成氨基酸进而转化成生长素，刺激了植株幼叶快速生长。当连茬种植蔬菜时，菜农唯恐施肥不足而大量施入氮肥是造成氮过剩（中毒）的主要原因。育苗营养土加入过量的氮素而造成秧苗烧根，或释放氨气熏蒸导致枯苗现象。

【救治方法】 测土施肥，多施有机肥和生物菌肥。严格控制化肥用量。秸秆还田，改善土壤的通透性。对于重度氮肥过量造成烧苗的地块，建议每667米²施入4～6千克腐菌酵素，增加土壤生物活性、肥料腐熟转化速度和土壤的通透性，同时连续两次施入速效生物钾肥，尽快缓解因氮素过剩造成的中毒伤害。以及避免硝态氮的产生及中毒现象。增加灌水，生产中有挖沟洗土措施，来缓解因根系周围氮过量引起的中毒现象。

施用海藻肥，加快土壤中氮素的转化和吸收。同时增加含有枯草芽孢杆菌的生物肥的施入，以期改良盐渍化土壤。一般每667米²使用海藻菌肥（地福来）250毫升、生物钾肥2～3千克、腐菌酵素2～4千克冲施或滴灌会有明显缓解作用。喷施55%益施帮水剂400倍液和爱沃富500倍液，均有明显改善症状的效果。

77

三、甜瓜生理性病害的诊断与救治 无公害蔬菜病虫害防治实战丛书

缺镁症

【症状】 缺镁的典型症状是老叶片初期叶脉之间叶肉褪绿黄化，形成斑驳花叶，如图221；缺镁症常伴随着低温环境，致使叶片发硬，叶缘弯曲稍向上卷翘，如图222，重症时会向上部叶片发展，逐渐黄化，直至白化枯干死亡，如图223。

图221 初期缺镁老叶叶肉褪绿黄化形成斑驳花叶

图222 低温致使叶片发硬，叶缘弯曲稍向上卷翘

图223 重症缺镁叶片僵硬逐渐褪绿黄化枯死

【疑似症状】 大面积叶片叶肉黄化褪绿，叶片皱缩呈外翻勺状，如图224；植株上下叶片均表现僵硬，条状白化枯斑。越冬、秋延后或冬早春栽培的设施甜瓜这种现象发生普遍。这是由于持续低温，甚至低于生存极限温度后，甜瓜叶片所表现的冻害。应加强保温、增温措施，补镁则无济于事。

育苗阳畦整片地块叶片黄化并硬化，叶缘微翘，叶片白色枯干，如图225。秧苗因近期下雨积水和暴晒导致叶片硬化和强光下白化，与缺镁无关。

【发病原因】 由于过量施氮肥和未腐熟厩肥，使土壤呈酸性而影响镁的吸收。或钙中毒造成碱性土壤，也影响镁的吸收，从而影响叶绿素的形成，使叶肉黄化。持续低温时，氮、磷肥过量，有机肥不足也是造成土壤缺镁的重要原因。这也是生产中常常误诊缺镁的原因之一。

图224　疑似缺镁症的冻害叶片　　　图225　疑似缺镁症的雨后水涝导致的
　　　　　　　　　　　　　　　　　　　　　　僵硬白化叶片

【救治方法】　增施充分腐熟发酵的农家肥，合理配施氮、磷肥。配方施肥非常重要，及时测试土壤酸碱度，改良土壤。增强保温措施避免低温，多施含镁、钾的厩肥。建议施底肥时每667米^{2}一次性加入硼镁肥如昆卡中量肥3～5千克，打好基础，优化生长环境，保障植株旺盛生长。可喷施1％～2％的硫酸镁或螯合镁等微肥，或喷施55％益施帮水剂400倍液或爱沃富500倍液及时补充镁元素。

缺　硼　症

【症状】　硼参与碳水化合物在植株体内的分配，缺硼时生长点坏死，花器发育不完全，导致畸形瓜，如图226；幼叶、茎蔓、果实因停止生长、停止输导养分，而使叶缘呈现黄化边，如图227；叶缘黄化向纵深枯黄呈叶缘宽带黄化症，这是缺硼的典型症状，如图228；果皮组织龟裂、硬化。重症缺硼的幼瓜停止生长时出现骤裂，果实外出现我们常说的网状木栓化瓜，如图229。

【发病原因】　大田改种蔬菜后容易发生缺硼症。多年种植蔬菜连茬、重茬，有机肥不足的碱性土壤和沙性土壤，施用过多石灰后降低了硼的有效吸收以及干旱、浇水不当、施用钾肥过多，都会造成硼素吸收和功能障碍，继而产生硼缺症。

图226　花器发育不完全形成的畸形瓜

图227 缺硼的叶缘黄化边　　图228 缺硼的叶缘宽带黄化

【救治方法】 改良土壤，多施腐熟厩肥，增加土壤的保水能力，合理灌溉。及时补充硼肥，建议底肥增施硼肥，如每667米²一次性施入持力硼3～5千克，以满足甜瓜早期雌花分化。叶面喷施新禾硼或昆卡硼、瑞培硼，或于定植后15天左右施用氨基酸多维复合水剂益施帮或爱沃富500倍液而后采摘第一茬瓜之前半月进行第二次喷施，以利于二茬瓜的形成与坐瓜。

缺 钙 症

【症状】 缺钙主要表现在幼瓜上，早期幼瓜表面凹凸不平，如图229；膨大后瓜面接近平滑，但是凹点变小于果面上，初期呈水渍状暗绿色凹陷斑点，如图230；逐步发展为深绿色或灰白色凹陷。成熟后斑点不腐烂，呈凹陷扁平状，如图231；因体内水分蒸腾作用造成钙离子传导移动受阻，导致缺钙瓜肉萎缩褐变，瓜皮崩裂，如图232。

图229 早期缺钙幼瓜表面凹　　图230 逐步发展为水渍状暗绿色凹陷斑点
　　　 凸不平

图231　成熟后斑点不腐烂，呈凹陷　图232　重症缺钙薄皮甜瓜崩裂，瓜肉
　　　　扁平状　　　　　　　　　　　　　　萎缩褐变

【疑似症状】　仅仅瓜面长有浅黑色污点斑，如图233；斑点分布不均匀，密度从上到下呈喷雾式落下状态，不侵染瓜内，如图234。追查用药史，发现是劣质农药造成的重金属中毒药害。

图233　疑似缺钙症的药害斑点瓜　　　图234　疑似缺钙症的药害斑点甜瓜

【发病原因】　以上症状与植株缺钙引起。即使土壤中不缺钙离子，但是连续多年种植蔬菜的棚室，过量施用磷、钾肥会造成土壤盐分过高，会引发缺钙现象发生。干旱时，土壤水分浓度高，减少了根系吸水，抑制钙离子的吸收，造成瓜成熟时体内糖分不均衡分布，糖转化失调，造成缺糖部位木栓化不转色的凹陷斑。结瓜节位低、长期连作和盐渍化障碍、高温、干旱和旱涝不均，也都是影响钙吸收量的主要原因。

【救治方法】

（1）增施有机肥，增加腐熟好的腐殖质含量高的松软性肥料，每667米^{2}底肥施入昆卡2～3千克、海藻肥2千克。增强土壤的透气性改

无公害蔬菜病虫害防治实战丛书

善根系的吸收环境。调节土壤的pH至中性，酸性土壤应及时补充过磷酸钙。尽量避免连年多茬种植同一种作物。肥水管理上应避免过量施用磷、钾肥，适当保持土壤含水量。

（2）适当疏花疏果，防止不必要的钙素竞争流失。

（3）果实膨大期可喷施0.1%～1%氯化钙或镁钙镁叶面肥，加入少量的维生素B₆可以防止高温强光下形成的过量草酸，对预防缺钙有较好的效果。

锰过剩症

【症状】 叶脉和沿着叶脉褪绿，如图235；并变褐色坏死，如图236；这是锰中毒的典型症状。一旦锰中毒叶片呈黄化状。

图235　锰中毒沿着叶脉褪绿

图236　锰中毒引发叶脉褐色坏死

【发病原因】 土壤酸性是锰中毒的重要原因。水淹和长期湿涝会使土壤中锰元素处于活性状态，喷施过量含有锰离子成分的药剂使有效锰吸收增加，易发生锰吸收过剩症。控制土壤湿度，调节土壤酸碱性，幼瓜期减少施用含锰离子的药剂是防治的根本。

【救治方法】 对发生锰过剩症的田块增施石灰质肥料，改良土壤使pH至7～7.5，增施有机肥，高畦栽培，合理浇水，注意排水。施用磷肥可以有效缓解锰过剩症状。

四、甜瓜药害的诊断与救治

甜瓜有薄皮和厚皮之分。尤其是薄皮甜瓜，以瓜皮薄、果面光滑、脆嫩多汁等特点，深受消费者喜爱，近些年来生产效益非常看好。但是，在生产中防治病虫害用药上，其光滑的果面和皮薄的特点决定了对农药的特殊敏感性，因此防治病虫害用药时应加以注意。

生长调节剂蘸花药害

【症状】

（1）在甜瓜冬早春栽培中，辅助蘸花授粉时使用浓度过高的吡效隆+赤霉素等生长调节剂使幼瓜膨大过快造成的疙瘩瓜，如图237；重症时幼瓜崩裂，如图238。

（2）施膨大素量过高，幼瓜叶肉细胞生长和伸长速度超过果面，致使甜瓜崩裂，如图239。

（3）受过量矮壮素影响瓜苗叶片肥大，茎蔓粗壮，生长点受抑制，不伸长，植株尚能生长但畸形，如图240。

（4）叶片没有褐变病斑，只是幼嫩叶片出现凹凸不平的不规则的泡泡状，如图241。

图237　吡效隆+赤霉素
　　　　药剂过量造成的
　　　　疙瘩瓜

图239　膨大素量过高造成
　　　　的甜瓜崩裂

图238　吡效隆+赤霉素
　　　　药剂过量，幼
　　　　瓜膨大过快而
　　　　崩裂

图240 矮壮素过量，对植株造成的生
长性抑制

图241 浸瓜胎药剂下滴刺激叶片造成
的局部泡状斑

【原因】

甜瓜生产中，施用吡效隆、坐瓜灵、矮壮素是促进坐瓜和防止徒长的必要措施。我们常用的药剂有缩节胺、赤霉素等，使用时常常为促花保果而盲目大剂量用药，忽略了适用生长阶段和适宜用量。一些菜农认为坐瓜灵任何生长时期都可以使用，其实不然，甜瓜的生长分发芽、幼苗、甩蔓发棵、开花结果等阶段。花器在幼苗期分化，在育苗阶段使用坐瓜灵可以有效地促进花器分化。过了分化期再用坐瓜灵，不仅效果低微而且抑制甜瓜正常生长，使结瓜期的幼瓜生长受到抑制呈畸形瓜。过量或不严格控制矮壮素等生长调节剂用量和使用浓度可能在育苗阶段控制了徒长，但由于剂量过大更多地限制了秧苗的正常生长，使其过早老化，生长缓慢。对症用药、单一用药，针对植株发生的病害和生长情况使用调节剂和其他农药是生产优质蔬菜的要求。决不能图省事，随意将多种药剂一次性混施，否则将造成植株生长紊乱和出现中毒现象。

【救治方法】 采用工厂化集约化基质穴盘育苗，或营养钵育苗，标准化管理。加强水肥管理，标准化施肥浇水，力求植株生长势一致。

有条件的棚室最好使用熊蜂授粉，利用熊蜂授粉可免除蘸花药害和人工劳力成本。

科学用药，树立保健性防控理念。掌握好调节剂用药时机，精细管理，严格控制生长调节剂使用浓度，按着生育期和调控目标有针对性地使用。对于已经产生的畸形瓜，只能被动的采用氨基酸复合动力微肥爱沃富500倍液或益施帮400倍液喷施进行缓解；裂瓜则没有任何救治价值。

施药药害

【症状】

（1）大剂量淋灌式施药和劣质喷雾器跑、冒、滴、漏，造成叶缘灼伤，如图242；植株生长缓慢。高浓度喷淋式施药常造成叶缘白化枯斑，如图243。

（2）多种类、大剂量、高浓度药剂混用造成叶片生长异常和畸形（图244）、烧芽（图245）和落花化瓜。高浓度的生长调节剂以及混合施用造成斑驳褪绿花叶药害，如图246。

（3）乳油剂型药用量过大和混入乳油类杀虫剂使叶片渗透加快导致黄化，如图247；以及重度烧灼白斑，如图248。

（4）施用有机硅增效剂造成的叶片渗透压过大致使叶肉细胞呼吸衰竭致死的坏死斑，如图249。

（5）施用甜瓜敏感的杀菌剂，导致叶片褪绿黄化（图250）、幼瓜花瓣枯萎和幼瓜畸形（图251）。

图242　大剂量喷淋式施药造成的抑制生长

图244　高浓度药剂混用造成叶片生长异常和畸形

图243　高浓度喷淋式施药造成叶缘白化枯斑

图245　高浓度药剂混用造成烧芽

图246　生长调节剂与乳油杀虫剂混施
后产生斑驳褪绿花叶

图247　乳油剂型药剂用量过大使叶片
渗透加快造成的黄化

图248　乳油剂型药剂用量过大造成的
烧灼性白斑

图249　有机硅增效剂使叶片渗透过
大造成烧灼性坏死斑

图250　喷施敏感杀菌剂致使叶片褪绿
黄化

【原因】 甜瓜是蔬菜作物中对农药较敏感的作物。同时植株生长快，叶片细胞薄且含水量大。尤其是苗期，秧苗幼嫩，对用药浓度和药液量更加敏感。老旧型号的喷雾器的跑、冒、滴、漏对植株的下雨式喷施，菜农图省事一次性混入4～5种药剂的大剂量混喷，都是造成药害的直接原因。随意加入增效剂有机硅和缩短施药间隔期的做法，无形中加大了叶片细胞的渗透作用，加速细胞呼吸速度，引发细胞呼吸过快、直至衰竭死亡，叶片呈白斑症。乳油剂型药剂

图251　敏感杀菌剂造成幼瓜花瓣烧灼性枯萎

的过量施用也会引起细胞的呼吸加强，导致黄化褪绿现象发生。同一个喷雾器只有洗涮干净后才能用来喷施另一种农药，特别是喷施除草剂一定单独使用喷雾器或彻底洗涮，否则会发生药害。

【预防与救治】 施药技术本身也是一门科学。同样的药剂，不同的施药方法，会有不同的防控结果。喷药过程中的工作态度和技术掌握程度决定着甜瓜的效益和收成。首先，应做到严格控制农药使用量和浓度。农药在不同作物上的使用剂量是经过科研部门严格试验示范后才推广应用的，我们施用时应遵守农药包装袋上推荐使用的安全剂量。除了苗期施药应减量外，还要考虑冬早春栽培昼短夜长，见光时间较短的季节也应减量施药。

其次，药害秧苗如果没有伤害到生长点，可以加强肥水管理促进快速生长。小范围的秧苗药害可尝试喷施或淋灌55%益施帮水剂500倍液，或3.4%赤·吲·乙芸（碧护）可湿性粉剂5 000倍液喷施进行缓解。也可喷施或淋灌益微芽孢杆菌500倍液，或冲施纯生物钾肥促进根系生长活力，加快缓解药害症状。切忌使用赤霉素、细胞分裂素等刺激生长，否则欲速则不达。

最后，喷施除草剂的喷雾器不用于喷施其他农药，避免发生药害，实在分不开时，应该用洗衣剂彻底洗刷喷雾器，并将喷雾器皮管、喷管、喷头等均泡洗后，再用清水喷施10～20分钟后以保证无除草剂残留。

五、甜瓜肥害的诊断与救治

【症状】 甜瓜设施栽培中施用烟剂熏蒸和高温季节的土壤氨气熏蒸常常是有害气体危害的根源。棚室越冬栽培过量释放杀菌、杀虫烟剂防控病虫害会造成近释放区域植株发生脱水性枯干，如图252。加温温室煤火产生的二氧化硫也会造成植株叶片脱水性枯斑，如图253。冬季为了增加叶片光合作用而释放二氧化碳气体过浓也会造成叶片皱缩（图254）和褐色针点斑状气害，图255。

图252 棚室释放烟剂过量造成叶片脱水性枯干

图253 煤烟中的二氧化硫造成叶片干枯

图254　二氧化碳中毒性
　　　　皱缩叶片

图255　二氧化碳中毒性的
　　　　褐色针点斑叶片

【预防与救治】　严格掌控施药剂量，一般情况下不提倡施用烟剂。建议早期根施用药进行保健性防控，不仅持效期长而且防控效果好，还可免去烟剂对叶片产生熏蒸的副作用。对已经发生有害气体熏蒸毒害的可喷施赤霉素、碧护、益施帮，以求缓解，但很难解决根本问题。同时应加强中耕施肥，促进植株生长，各项措施齐上，效果会理想一些。其他救治方法请参照施药药害的救治。

六、甜瓜虫害与防治

蚜 虫

【为害状】 以成虫或若虫群聚在叶片背面，如图256，或在生长点、花器上刺吸汁液，为害甜瓜叶片、幼瓜和生长点。造成植株生长缓慢、矮小，叶片卷曲簇状。

【为害习性】 蚜虫1年可繁衍10代以上。以卵在越冬寄主上或以若蚜在温室蔬菜上越冬，周年为害。6℃以上时蚜

图256　蚜虫在叶背面刺吸汁液

虫就可以活动为害。繁殖适宜温度是16~20℃，春秋时10天左右完成1个世代，夏季4~5天完成1代。每个雌蚜产若蚜60头以上，繁殖速度非常快。温度高于25℃、高湿环境不利于蚜虫为害，这就是为什么在高温高湿环境下，蚜虫反而减轻的缘故。因此，北方蚜虫为害期多在6月中下旬和7月初。蚜虫对银灰色有驱避性，有强烈的趋黄性。

【防治方法】

生物防治：设施棚室栽培可以释放瓢虫防控蚜虫。

设置防虫网：为阻止蚜虫迁飞入室为害，棚室入口和通风口可设置40目（孔径约0.44毫米）防虫网。

黄板诱杀：即利用蚜虫的趋黄性，吊挂黄板诱杀蚜虫。每667米²吊挂30块（尺寸为25厘米×30厘米）黄板，诱杀板吊于棚室内距风口1米处。

药剂防治：

（1）根施灌药：利用滴灌设施，在先期滴灌浇水后，再用配好的药剂滴灌。另一个方法是菜农俗称的"懒汉施药法"，即穴灌施药（灌窝、灌根）。具体方法是在定植前后，每667米²用70%噻虫嗪悬浮剂20~30毫升对水45升随定植水一起淋灌秧苗，或用70%噻虫嗪悬浮剂20毫

升对水30升在移栽前2～3天时，对喷淋定植苗盘，使药液除叶片以外还要渗透到土壤中。持效期可达30～40天，有很好的防治蚜虫和粉虱的效果。用此方法可以有效预防蚜虫和粉虱。

（2）喷雾施药：可选用24.7%高效氯氟氰菊酯·噻虫嗪微囊悬浮悬浮剂1 500倍液，或25%噻虫嗪水分散粒剂2 000倍液喷施或淋灌，15天1次；或70%噻虫嗪悬浮剂2 000倍液、50%氟啶虫胺腈水分散粒剂1 200倍液、10%吡虫啉可湿性粉剂1 500倍液、2.5%高效氯氟氰菊酯水剂1 500倍液喷雾防治，注意保证农药安全间隔期。

白 粉 虱

【为害状】 以成虫或若虫群集嫩叶背面刺吸汁液，使叶片褪绿变黄，如图257，并造成汁液外溢从而诱发落在叶面上的杂菌形成霉斑，严重时霉层覆盖整个叶面，如图258。

 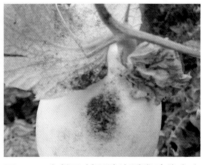

图257 白粉虱在甜瓜叶背面刺吸为害　图258 白粉虱刺吸汁液诱发叶片产生霉层

【为害习性】 白粉虱一般在温室常年为害周年均可发生。白粉虱没有休眠和滞育期，繁殖速度非常快。1个月完成1个世代。雌成虫平均产卵约150粒，每一个雌虫可以孤雌生殖10个以上的雄性子代。成虫喜食幼嫩枝叶，有强烈的趋黄性。白粉虱繁殖在适温内随着温度的升高速度加快。18℃时发育历期31.5天，24℃时24.7天，27℃时22.8天。可见温度越高繁殖速度越快，为害作物就越严重。由此也能看出，春末夏初白粉虱繁殖加快，到了夏秋季节白粉虱为害达到高峰。因此，从防治上看应该是越早越好。

【防治方法】

天敌生物防治：棚室栽培可以释放丽蚜小蜂防治白粉虱。

设置防虫网：为阻止白粉虱迁飞入棚室为害，棚室入口和通风口可设置40目（孔径约0.44毫米）防虫网。

黄板诱杀：每667米²吊挂30块（尺寸：25厘米×30厘米）黄板，诱杀板吊于棚室内距风口1米处，诱杀残存于棚室网内的白粉虱。

药剂防治：

（1）根施灌药。利用滴灌设施每667米²用70%噻虫嗪悬浮剂60毫升在定植时进行水肥药一体化进行根灌，或在定植前后，每667米²用70%噻虫嗪悬浮剂20毫升对水30升随定植水一起淋灌秧苗，或用70%噻虫嗪悬浮剂20毫升对水30升在移栽前2~3天时，喷淋定植苗盘，使药液除叶片以外还要渗透到土壤中，持效期可达30~40天，有很好的防治粉虱和蚜虫的效果。用此方法可以有效预防粉虱和蚜虫，农民戏称"懒汉防虫施药法"。

（2）喷雾施药。可选用24.7%高效氯氟氰菊酯·噻虫嗪微囊悬浮悬浮剂1 500倍液，或25%噻虫嗪水分散粒剂2 000倍液喷施或淋灌，15天1次；或70%噻虫嗪悬浮剂2 000倍液、50%氟啶虫胺腈水分散粒剂1 200倍液、10%吡虫啉可湿性粉剂1 500倍液、2.5%高效氯氟氰菊酯水剂1 500倍液喷雾防治，注意保证农药安全间隔期。

红蜘蛛、茶黄螨

图259 红蜘蛛刺吸后呈现的沙性失绿叶片

【为害状】 红蜘蛛是螨类，是瓜农常说的叶片"火龙"的祸首。在叶脉间黄沙状褪绿的叶子背面肉眼可看到小红点刺吸为害就是红蜘蛛，如图259。仔细查看，红蜘蛛常结成细细丝网。严重发生时，成片叶片呈黄沙点状褪绿后枯黄，即火龙状。

茶黄螨是以成螨和幼螨群集甜瓜幼嫩部位刺吸为害，受害叶片变窄、皱缩或扭曲畸形，幼茎僵硬直立，重症时常被误诊为病毒病，如图260。

【为害习性】 红蜘蛛以成螨在蔬菜棚室的土壤里和越冬蔬菜的根际越冬。依靠爬行、风力和农事操作传带以及秧苗转移扩展蔓延。红蜘蛛繁殖很快，成螨对空气湿度要求不严格，这就是红蜘蛛干旱、高温环境下为害严重的缘故。红蜘蛛个体移动为害距离不大，这也是其为害点片发生的特点。远距离传播多与人为传带和移栽有关。因此清洁田园对于防治非常重要。

图260 茶黄螨为害后甜瓜叶片畸形皱缩

【防治方法】

清洁田园：清除上茬蔬菜拉秧后的枝叶，集中烧毁或深埋，减少虫源。

加强肥水管理：重点防止干旱，可减轻为害。

药剂防治：红蜘蛛生活周期较短，繁殖力强，应尽早防治，控制虫源数量，避免移栽传带扩散。可选用10%噻螨酮乳油2 000倍液、40%克螨特乳油2 000倍液、20%哒螨灵乳油1 500倍液、20%四螨嗪悬浮剂2 000～2 500倍液喷施。

潜叶蝇

【为害状】 潜叶蝇在甜瓜一生中均可为害，从子叶到生长各个时期的叶片均可受害。以幼虫潜入叶片（图261），刮食叶肉，留下弯弯曲曲的潜道，严重时叶片布满灰白色线状隧道，如图262。

【为害习性】 潜叶蝇多以幼虫为害。成虫会钻出潜道在叶片表面化蛹。大多在春季和春夏交替时节为害重。设施栽培春季入口或风口无防护网潜叶蝇时有发生。

【防治方法】

设置防虫网：为阻止潜叶蝇进入棚室为害，棚室入口和通风口可设置40目防虫网。

黄板诱杀：每667米^{2}设置25~30块黄板（尺寸：25厘米×30厘米），诱杀成虫。

药剂防治：可选用24.7%噻虫嗪·高效氯氟氰菊酯微囊悬浮悬浮剂1 500倍液、高效氯氟氰菊酯·氯虫苯甲酰胺悬浮剂1 500倍液、25%噻虫嗪水分散粒剂2 000倍喷施或淋灌，15天1次；或选用10%吡虫啉可湿性粉剂1 500倍液、2.5%氯氟氰菊酯水剂1 500倍液、1.8%阿维菌素乳油2 000倍液喷施。注意保证安全间隔期。

图261　潜叶蝇潜入叶片形成隧道　　　图262　布满灰白色线状隧道的重症叶片

蓟　马

【为害状】　蓟马主要为害甜瓜的花、幼瓜和嫩叶（图263）及生长点。蓟马锉吸叶片汁液在叶脉周围产生白点，如图264，重症为害幼瓜时渗出红色液体，如图265。后期叶片白点（图266）干枯穿孔，造成叶片早衰，功能减退。

【为害习性】　蓟马以成虫和若虫锉吸嫩瓜、嫩梢、嫩叶和花、果的汁液。1年8~18代不等。南方因气候温暖繁衍迅速。北方季节分明，繁衍稍慢。以若虫和成虫在土壤缝隙和枯枝落叶中越冬，出土后爬至植株幼嫩部位为害。移动较快，可以跳跃。有较强的趋光性和趋蓝特性。在南方四季均可为害，北方以夏秋季为害严重。

【防治方法】

设置防虫网：为阻止蓟马迁飞入棚室为害，可在入口和通风口处设置40~60目防虫网。夏季育苗，小拱棚应加盖防虫网。

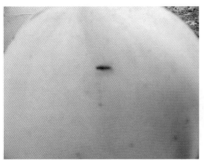

图263　蓟马为害甜瓜

图264　蓟马锉吸叶片汁液在叶脉周围呈白点

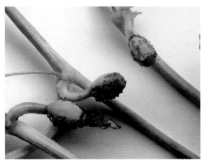

图265　蓟马锉吸甜瓜幼瓜后渗出红色汁液

图266　被蓟马重度为害后呈枯干白点的早衰叶片

蓝板诱杀：利用蓟马成虫趋蓝性，设置蓝板诱杀成虫，每667米^2 30～40块（尺寸：20厘米×25厘米）。

天敌生物防治：可释放甜瓜新小绥螨，用于预防每平方米50头，每14天释放1次；用于防治每平方米100头，每14天释放1次，严重发生时每7天释放1次。

药剂防治：建议采用懒汉施药法，即穴灌施药（灌窝、灌根），具体方法见蚜虫防治。

喷雾施药：可选用24.7%噻虫嗪·高效氯氟氰菊酯微囊悬浮悬浮剂1 500倍液、40%乙基多杀霉素悬浮剂2 000倍液、35%噻虫嗪+5%虱螨脲乳油1 500倍液混用，喷施或淋灌，15天1次；或10%吡虫啉可湿性粉剂800～1 000倍液与2.5%高效氯氟氰菊酯水剂1 500倍液混用，或1.8%虫螨克星乳油2 000倍液喷雾。生产实践中，采用24.7%噻虫嗪·高效氯氟氰菊酯微囊悬浮悬浮剂1 500倍液加上5％虱螨脲乳油1 500倍液混后喷施对蓟马成虫、若虫和卵防治效果不错。

棉铃虫、地老虎

【为害状】 幼虫蛀食甜瓜花、幼蕾和嫩茎，致使落花落蕾，地老虎蛀食幼瓜造成果实缺刻，果皮腐烂，如图267，失去商品价值。

棉铃虫为害，受害花蕾苞叶张开、变黄、脱落；受害花雌雄蕊被吃光，不能坐瓜；幼虫钻入果实为害，造成果实脱落或腐烂，造成减产并影响收益。

图267 地老虎蛀食幼瓜瓜皮

【为害习性】 小地老虎的发生世代从北到南逐渐增加，因区域气候不同，不同省份会有所不同。如东北黑龙江、吉林2代，华北3～4代，黄淮5代，长江以南福建、广东有6代之多。

成虫昼伏夜出，白天潜伏于土缝、杂草等隐蔽处，夜晚活动取食、交配和产卵。老熟幼虫有假死性，受惊扰后缩成环状。地老虎喜欢温暖潮湿环境。最适合发育温度为13～25℃，低洼积水及土壤肥沃、保水性好的壤土、沙壤土均适于小地老虎的发生。春季菜地杂草多，有蜜源植物，能为成虫提供丰富食物和产卵处的地方为害重。

棉铃虫食性很杂，除了为害大田作物之外，也能为害番茄、甜瓜、西瓜、南瓜、茄子、豆类、甘蓝等蔬菜，以幼虫蛀食叶片和幼瓜。6月中下旬，二代棉铃虫于露地夏秋季甜瓜生长期发生。越夏、露地种植的甜瓜和设施栽培的秋季、秋延后甜瓜会在7月初遭受二代棉铃虫幼虫为害，在盛瓜期的9月遭受四代棉铃虫或烟夜蛾幼虫为害。防治要抓住卵期、低龄幼虫期进行。

棉铃虫在我国广泛分布，由北向南1年发生3～7代，在辽宁、河北北部、内蒙古、新疆等地1年发生3代，华北4代，长江以南5～6代，云南7代。在华北地区，第一代幼虫为害期为5月下旬至6月下旬，第二代幼虫发生为害盛期在6月下旬至7月，第三代幼虫为害期在8~9月，第四代幼虫主要发生在9月至10月上、中旬。可见，棉铃虫各代在中后期发生时代不整齐，在同一时间往往可见到各种虫态，因此，各种蔬菜只要生育期适合（花、蕾、果），都会受到棉铃虫为害。

棉铃虫成虫为中型的蛾子，体长15~20毫米，翅展31~40毫米，前翅灰褐或灰绿色，中前部位有一对肾形斑和环形斑。卵呈馒头形，有纵隆纹，初产时乳白色，逐渐变黄，变黑后孵出幼虫。初孵幼虫个体很小，黑色，经过4~5次蜕皮不断长大，最大时体长40~50毫米。棉铃虫幼虫长大后因为食物等原因，体色可呈不同类型，或全绿色，或淡红色、褐色等，但体背和体侧都带有不同颜色纵线。棉铃虫成虫具有趋光性、趋化性，所以利用黑光灯、糖醋液和杨树枝把可以诱杀成虫。

棉铃虫的卵为散产，幼虫孵出后，有取食卵壳的习性，所以卵期喷施只有胃毒作用的药剂，例如苏云金芽孢杆菌制剂，也能起到杀虫作用。

棉铃虫幼虫孵化后一龄到二龄一直在作物表面取食和爬行，二龄后期钻蛀。所以在钻蛀之前进行喷药防治能收到更好的效果。

【防治方法】

农业防治：结合田间管理，及时摘除老叶掐嫩尖将卵及幼虫一起带出田外烧毁或深埋；结合采收，摘除虫果集中处理，可减少田间卵量和幼虫量。

诱杀成虫：使用诱虫灯、杨树枝把、糖醋液（按重量取红糖2份、醋1份、白酒0.4份、90%敌百虫晶体0.1份、水10份配制）诱杀成虫可减少田间虫源。

生物防治：在卵高峰时喷施16 000单位/毫克苏云金杆菌（Bt）可湿性粉剂每667米²300克对水喷雾。在成虫产卵始、盛、末期释放赤眼蜂。每667米²放蜂1.5万头，每次放蜂间隔期3~5天，连续放3~4次。

药剂防治：虫卵高峰3~4天后，可选用20%氯氟氰菊酯·氯虫苯甲酰胺悬浮剂1 500倍液、30%噻虫嗪·氯虫苯甲酰胺3 000倍液、40%噻虫嗪·氯虫苯甲酰胺水分散粒剂3 000倍液、5%虱螨脲乳油1 000~1 500倍液、2.5%氯氟氰菊酯水剂1 000倍液喷施。注意保证安全间隔期。

七、不同栽培季节甜瓜一生保健系统化防控大处方（整体预防处方）

1.冬早春棚室甜瓜一生病害防控大处方（2~6月）

第一步：药液浸盘。定植前1~2天，10克35%噻虫嗪悬浮剂+10毫升6.25%咯菌腈·精甲霜灵悬浮剂对水15千克淋辣（甜）椒苗盘，防控蚜虫、烂根、促壮苗，预防病毒病传播。

第二步：撒药土。移栽时，每667米^{2}用30亿活芽孢/克枯草芽孢杆菌可湿性粉剂1~2千克拌成药土顺定植沟撒施，刺激根系活性和缓苗、强健植株。

第三步：定植后7~10天，每667米^{2}用25%嘧菌酯悬浮剂（阿米西达）50毫升+35%噻虫嗪悬浮剂50毫升对水80升灌根，持效期30~40天培育壮秧，抗病。

第四步：用25%嘧菌酯悬浮剂1 500倍液+47%春雷·王铜可湿性粉剂400倍液混合后喷施，防控灰霉病和细菌性叶斑病等。

第五步：20天后，用50%啶酰菌胺可湿性粉剂1 200倍液，防控幼瓜期灰霉病。

第六步：15天后，每667米^{2}用25%嘧菌酯悬浮剂50~60毫升对90升水灌根。如冲施或滴灌，可以先对水50升稀释成母液，然后随浇水淋入行间沟中。

第七步：50天后，用32.5%吡唑萘菌胺·嘧菌酯悬浮剂10毫升+益施帮25毫升对15升水喷施，防治白粉病，增加果皮韧度和亮度。

第八步：用32.5%苯醚甲环唑·嘧菌酯悬浮剂15毫升+益施帮25毫升对15升水喷施，直至收获（依环境条件、病害发生程度机动掌握用药次数）。防控白粉病，增加果皮韧度和亮度。

2.冬春季棚室甜瓜一生病害防控大处方（12月至翌年5月）

第一步：育苗期（2叶1心），用70%噻虫嗪水分散粒剂10克+6.25%咯菌腈·精甲霜灵悬浮剂10毫升，对水30升，淋灌苗盘。

第二步：移栽缓苗后15天，用25%嘧菌酯悬浮剂10毫升+6.25%咯菌腈·精甲霜灵悬浮种衣剂10毫升，对水15升淋灌350~380株。

第三步：伸蔓期（第二步施药后15～20天），每667米²用25%嘧菌酯悬浮剂100毫升对160～180升水，灌根。

第四步：50天后，喷32.5%吡唑萘菌胺·嘧菌酯悬浮剂10毫升+益施帮25毫升对15升水喷施。此期为保健性防控关键时期。防控白粉病、灰霉病，抗寒。

第五步：15天后，喷灌根或滴灌每667米²用25%嘧菌酯悬浮剂200毫升+益施帮1 000毫升对30升水稀释成母液，全程加强防控防。

第六步：50天后，喷32.5%苯醚甲环唑·嘧菌酯悬浮剂15毫升+益施帮25毫升加15升水喷雾，防控白粉病，增加果皮韧度和亮度。

第七步：32.5%苯醚甲环唑·嘧菌酯悬浮剂15毫升+益施帮25毫升+47%春雷·王铜可湿性粉剂25克对15升水喷雾，总药液量以均匀喷到为准，直至收获。（喷药次数依环境条件、病害发生程度可机动掌握）防控白粉病、细菌性斑点病，增加果皮韧度和亮度。

3. 秋季棚室甜瓜一生病害防控大处方（7～10月）

第一步：定植前土壤封闭处理。6.25%咯菌腈·精甲霜灵悬浮剂40毫升或68%精甲霜灵·锰锌水分散粒剂100毫升对60升水，喷施穴坑或垄沟。防控甜瓜茎基腐病和猝倒病，防止烂根、死棵。

第二步：用25%嘧菌酯悬浮剂50毫升+35%噻虫嗪悬浮剂40毫升对水60升随浇定植水之后灌根。防控甜瓜根腐病，防止烂根和净化根系土壤环境，防控白粉虱和蚜虫，持效期45天。辅以设置防虫网和黄板。

第三步：根施用药。从田间缓苗后开始（移栽后约30天），每667米²用25%嘧菌酯悬浮剂100毫升滴灌、冲施沟灌，或淋灌30天1次。完成第三次根施用药后隔30～35天再进行第四步。

第四步：68.75%氟吡菌胺·霜霉威盐酸盐水剂15毫升+47%春雷·王铜可湿性粉剂30克混后对水15升喷雾。10天1次（主防霜霉病、细菌性叶斑病等）。

第五步：10天以后，25%双炔菌酰胺悬浮剂15毫升对15升水喷雾，12天1次。

第六步：12天以后，根施用药。每667米²用25%嘧菌酯悬浮剂120～200毫升滴灌、冲施沟灌，或淋灌植株。

第七步：15天以后，32.5%吡唑萘菌胺·嘧菌酯悬浮剂10毫升+47%春雷·王铜可湿性粉剂30克对15升水喷雾，12～14天1次（主防白粉病和细菌性病害）。直至收获（可视病害发生实际情况，决定喷药次数），全程防控68～78天。

4. 越冬一大茬棚室甜瓜一生病害防控大处方（11月至翌年5月）

第一步：撒药土。移栽时每667米²用30亿个/克枯草芽孢杆菌可湿性粉剂1～2千克拌细沙土，撒施于定植沟畦中（刺激根系活性和缓苗）。

第二步：移栽后7～10天，用25%嘧菌酯悬浮剂50毫升+35%噻虫嗪悬浮剂40毫升对水60升随浇定植水之后灌根或滴灌（水肥药一体化）。防控甜瓜根腐病，防止烂根和净化根系土壤环境，防控白粉虱和蚜虫，持效期45天，辅以设置防虫网和黄板。

第三步：从田间缓苗后开始（移栽后40～50天），每667米²用25%嘧菌酯悬浮剂120毫升对90升水，淋根。喷完第三次后间隔30～40天再进行第四步。

第四步：25%嘧菌酯悬浮剂10毫升+47%春雷·王铜可湿性粉剂30克混后对15升水喷雾，约需45～60升药液。

第五步：15天以后，32.5%吡唑萘菌胺·嘧菌酯悬浮剂10毫升+47%春雷·王铜可湿性粉剂30克对15升水喷雾。

第六步：15天以后，25%嘧菌酯悬浮剂60～100毫升先对成母液随水滴灌、冲施沟灌，或淋灌植株。

第七步：50天以后，32.5%苯醚甲环唑·嘧菌酯悬浮剂20克+55%益施帮水剂25毫升，对水15升喷雾，10～14天1次。可以视甜瓜健康情况安排后期施药次数。

越冬棚室同时要注意随时观察瓜头采取防灰霉病的蘸药预防措施。即用2.5%咯菌腈悬浮剂对甜瓜花进行蘸药防灰霉病。

5. 露地甜瓜一生病虫害防控大处方（4～7月）

第一步：从团棵期开始，灌根。定植田间时用35%噻虫嗪悬浮剂10毫升对15升水，淋灌西瓜苗（可以与定植水一起灌根）。

第二步：伸蔓初期喷阿亮益。即：每667米²用25%嘧菌酯悬浮剂

30毫升+6.25%咯菌腈·精甲霜灵悬浮剂60毫升+益施帮75毫升对45升水淋根。

第三步：坐瓜期，用32.5%吡唑萘菌胺·嘧菌酯悬浮剂1 500倍液+47%春雷·王铜可湿性粉剂400倍液混后喷施，防控炭疽病、白粉病、果腐病害。

第四步：膨瓜期，喷32.5%苯醚甲环唑·嘧菌酯悬浮剂10毫升+益施帮25毫升对15升水喷雾，防控炭疽病、白粉病、果腐病害，增加果实亮度和甜度。

第五步：灵活掌握此步，酌情防治鳞翅目害虫。甜瓜成熟前15天喷施47%春雷·王铜可湿性粉剂400倍液1次，防控细菌性果腐病。

八、生产中易出现的问题处置方案（小处方）

1. 秧苗抗寒、解药害、阴霾天气植株生长调理小处方

设施蔬菜在弱光、寒冷、药害等极端条件下经常会生长异常。可以使用生物营养液调节，增强植株肥水吸收活力，同时可尝试选用生物活性动力素益施帮500倍液，或内源生长调节剂3.4%赤·吲乙·芸可湿性粉剂2 000倍液喷施叶片。

2. 农家肥肥害补救小处方

（1）底肥已经施入未腐熟农家肥的补救。设施蔬菜定植前，若已经施入未腐熟农家肥，可追施腐菌酵素，按照每2～3米³未腐熟农家肥掺入2千克腐菌酵素的比例撒施，旋耕后浇小水，3天后即可定植。棚室内无臭味熏棚。

（2）苗期农家肥烧苗的补救。用30亿活芽孢/克枯草芽孢杆菌500倍液灌根，每667米²用药200克在苗期第一次浇灌时随水冲施。或每667米²大棚使用4千克腐菌酵素，补充土壤中优质微生物，减轻农家肥烧苗现象。

（3）定植后肥害的补救。底施生粪造成烧苗，可用腐菌酵素缓解肥害，每2千克腐菌酵素可随水冲施3分地；或利用腐菌酵素灌根，每2千克腐菌酵素对50千克水，灌1 000棵苗。

3. 越冬栽培的补光充氮小处方

北方冬季昼短夜长，阴霾天、雨雪连阴天多发，低温弱光环境对植株生长极为不利。生产中常用补光灯和反光膜来增加光照。方法是：架设植物生长灯，每5延长米架设一盏，早晚各延长灯光照射2小时，同时在后墙上铺贴反光膜，以增加散射光。同时架设二氧化碳释放器，增强植株光合作用，促进设施蔬菜健壮生长。

4. 种子药剂包衣防病小处方

用6.25%咯菌腈·精甲霜灵10毫升，对水150～200毫升可包衣3～4千克种子，可有效防治苗期立枯病、炭疽病、猝倒病等。

5. 苗床土配制消毒小处方

取没有种过蔬菜的大田土与腐熟的有机肥按6∶4混匀，并按每立方米苗床土加入68%精甲霜灵·锰锌水分散粒剂100克和2.5%咯菌腈悬浮剂100毫升拌土一起过筛混匀。用处理后的土壤装营养钵或铺在育苗畦上，可以预防苗期立枯病、炭疽病和猝倒病，并在种子播种覆土后，用68%精甲霜灵·锰锌水分散粒剂400倍液喷洒苗床表面，进行封闭。有较好的预防苗期病害的作用。

6. 穴盘营养基质消毒小处方

按草炭∶蛭石2∶1的比例配制穴盘营养基质，每立方米基质加入氮、磷、钾比例为15∶15∶15的三元复合肥1~1.5千克（如果是冬春季节育苗，每立方米基质要加入三元复合肥2千克），同时加入100克68%精甲霜灵·锰锌可分散粒剂和100毫升2.5%咯菌腈悬浮剂做杀菌处理。

7. 农家肥发酵处理小处方

将未腐熟的鸡、牛、猪粪在卸车时掺入腐菌酵素和作物秸秆拌匀后，也可加入5千克碳酸氢铵，升温高，发酵快。比例是每2~3米³农家肥+500千克粉碎后的秸秆+2千克腐菌酵素，混好后用废弃的塑料膜盖好封严，10~15天即可完全发酵。

8. 新建棚室土壤改良小处方

每667米²用6~8米³农家肥加6千克腐菌酵素混合均匀施于棚内，深耕土壤，可增强土壤通透性及活性，7~10天后即可定植作物。

9. 高温闷棚杀菌小处方

洁净棚室：在6~7月，上茬作物收获后，清除作物残体，除尽田间杂草，运出棚外集中深埋或烧毁。

铺施秸秆：将玉米秸、麦秸、稻秸等作物秸秆利用器械截成3~5厘米的寸段，玉米芯、废菇料等粉碎后，按照每667米²1 000~3 000千克的用料量均匀铺撒在棚室内。

铺施有机肥：将鸡粪、猪粪、牛粪等腐熟的有机肥每667米²3 000～5 000千克均匀铺撒在秸秆上或与作物秸秆充分混合后铺撒，同时拌入氮磷钾有效含量为15：15：15的三元复合肥30千克或磷酸二铵15千克。具体用量可根据土壤肥力、下茬作物类型及种植模式选择决定。

撒施速腐剂：施入速腐剂如腐菌酵素，每667米²混用2～3千克，深翻25～40厘米，整地做成利于灌溉的平畦。

灌水：灌水至土壤充分湿润，相对湿度达到85%左右，即地表无明水，用手攥土团不散。

双层覆盖：用地膜或整块塑料薄膜覆盖地面，密封各个接缝处。同时封闭棚室并检查棚膜，修补破口漏洞，并保持清洁和良好的透光性。

闷棚时间：密闭后的棚室，保持棚内高温高湿状态25～30天，其中至少有累计15天以上的晴热天气。高温闷棚期间应防止雨水灌入棚室内。闷棚可以持续到下茬作物定植前5～10天。

定植准备揭膜晾棚：打开通风口，揭去地膜晾棚。待地表干湿合适后，可整地作畦为下茬作物栽培做准备。

10. 幼苗壮秧抗病小处方

蔬菜幼苗出齐长出真叶后，可对其进行壮秧防病生物菌药处理。即用55%益施帮水乳剂500倍液喷施，或用30亿个/克枯草芽孢杆菌200倍液淋灌幼苗，促进秧苗生长，增强秧苗抗逆性。

11. 育苗期防控病毒病小处方

首先，设施棚室风口加设50目防虫网；其次，棚室内设置黄板诱杀传毒媒介害虫，每667米²设30块；最后，用35%噻虫嗪悬浮剂2 000～3 000倍液喷淋幼苗，使药液除叶片以外还要渗透到土壤中，持续有效期可达30天以上。可有效防控粉虱和蚜虫，防止传播病毒病。

12. 秧苗茎基腐病防控小处方

秧苗定植前，用68%精甲霜灵·锰锌（金雷）水分散粒剂500倍液，或6.25%精甲·咯菌腈（亮盾）500倍液，喷施于定植穴土壤表面，而后进行秧苗定植，可有效防控茎基腐病。

13. 甜瓜蘸花防控灰霉病小处方

灰霉病是花期侵染，辅助授粉蘸花的用药就非常重要。蘸花防控灰霉病的方法是：将配好的蘸花药液中每 1 500 ~ 2 000 毫升加入 10 毫升 2.5%咯菌腈悬浮剂，浸瓜或涂抹时使花器均匀着药。

无公害蔬菜病虫害防治实战丛书

九、甜瓜主要生育期病虫害防治历

生育期	易发病虫害	防治对策	栽培模式	绿色防控药剂救治
育苗/定植前	猝倒病、立枯病、炭疽病、根腐病	土壤消毒，采用一次性无菌基质土，生物农药1∶100的比例	穴盘育苗营养钵育苗阳畦	50千克苗床土加20克68%精甲霜灵·锰锌水分散粒剂和10毫升2.5%咯菌腈悬浮剂拌土过筛混匀，可装营养钵或铺育苗畦上
				30亿个/克枯草芽孢杆菌可湿性粉剂200倍液淋盘
	寒害烟害肥害	保暖、除湿采用无烟煤或暖道式采暖降低至生长季节使用浓度的1/2	越冬栽培、冬春定植、育苗	30亿个/克枯草芽孢杆菌可湿性粉剂200倍液，或55%益施帮水乳剂400倍液、3.4%赤·吲乙·芸可湿性粉剂7 500倍液、90%氨基酸复微肥500倍液喷施
移栽定植	茎基腐病根腐病	种植沟穴封闭土壤杀菌，降湿定植前沟施药剂	越冬栽培、冬春茬栽培、早春栽培、冬早春季茬口	68%精甲霜灵·锰锌水分散粒剂600倍液，或6.25%精甲霜灵·咯菌腈悬浮剂800倍液、72.2%霜霉威水剂800倍液、68.75%氟吡菌胺·霜霉威盐酸盐水剂800倍液浸盘或淋灌或喷施
				30亿个/克枯草芽孢杆菌可湿性粉剂300倍液喷淋
	寒害	多层膜保温。注意降低湿度		3.4%赤·吲乙·芸可湿性粉剂7 500倍液，或90%氨基酸复微肥400倍液喷施
	线虫病	定植前沟施药剂		10%噻唑膦颗粒剂每667米² 1.5千克沟施
	蚜虫白粉虱	药液浸盘，土壤表层药剂处理，药剂淋灌	冬早春栽培、春提前栽培、春季栽培	35%噻虫嗪悬浮剂3 000倍液喷淋或淋根
				设置防虫网，设置黄板诱杀

生育期	易发病虫害	防治对策	栽培模式	绿色防控药剂救治
开花期	灰霉病	根施嘧菌酯，整体防控花期喷施药剂预防		50%咯菌腈可湿性粉剂3 000倍液，或50%嘧菌环胺水分散粒剂1 200倍液、50%乙霉威可湿性粉剂600倍液、50%啶酰菌胺可湿性粉剂1 000倍液
	菌核病	根施嘧菌酯整体防控	越冬栽培、春季栽培、弱光露地栽培	25%嘧菌酯悬浮剂1 500倍液灌根，每667米^{2}用药60～100毫升，或50%啶酰菌胺可湿性粉剂1 000倍液、32%吡唑萘菌胺·嘧菌酯悬浮剂1 200倍液喷施
	霜霉病	早期整体防控，设施栽培的根施嘧菌酯及时喷药		68%精甲霜灵·锰锌水分散粒剂600倍液，或72.2%霜霉威水剂800倍液、68.75%氟吡菌胺·霜霉威盐酸盐水剂800倍液喷施或喷淋
	病毒病烟粉虱蚜虫蓟马	灭蚜虫、蓟马、白粉虱吊挂诱集黄、蓝板诱杀传毒害虫。培养壮秧，早起身，早封垄	春季栽培秋冬季茬口	24.7%高效氯氟氰菊酯·噻虫嗪微囊悬浮-悬浮剂1 200倍液，或35%噻虫嗪悬浮剂3 000倍液、10%吡虫啉可湿性粉剂1 000倍液喷施
坐果期、盛果期	灰霉病	对灰霉病幼果表面进行病菌绝杀	冬春栽培、春季栽培、大拱棚栽培	50%咯菌腈可湿性粉剂3 000倍液，或50%嘧菌环胺水分散粒剂1 200倍液、50%乙霉威可湿性粉剂600倍液、50%啶酰菌胺可湿性粉剂1 000倍液
	霜霉病、疫病	保健性防控二次施用嘧菌酯灌根	任何种植模式	68%精甲霜灵·锰锌水分散粒剂600倍液，或72.2%霜霉威水剂800倍液、68.75%氟吡菌胺·霜霉威盐酸盐水剂800倍液喷施或喷淋

生育期	易发病虫害	防治对策	栽培模式	绿色防控药剂救治
坐果期、盛果期	炭疽病、白粉病	嘧菌酯灌根早期防控	露地栽培、春季露地、越冬栽培后期	32.5%嘧菌酯·苯醚甲环唑悬浮剂1 000倍液，或32%吡唑萘菌胺·嘧菌酯悬浮剂1 200倍液、10%苯醚甲环唑水分散粒剂1 000倍液喷施
	青枯病		露地栽培、夏季套种栽培模式	25%嘧菌酯悬浮剂1 500倍液+47%春雷·王铜可湿性粉剂400倍液，或25%嘧菌酯悬浮剂+30%噻唑锌可湿性粉剂400倍液、40%氢氧化铜可湿性粉剂800倍液、32.5%苯醚甲环唑·嘧菌酯悬浮剂1 000倍液喷施
	蚜虫、白粉虱、鳞翅目害虫			14%高效氯氟氰菊酯·氯虫苯甲酰胺悬浮剂1 500倍液、30%噻虫嗪·氯虫苯甲酰胺悬浮剂1 500倍液喷施
	线虫病	定植前高温闷棚后撒施		10%噻唑磷颗粒剂每667米^{2}1.5千克撒施
收获期	疫病	喷施	春季栽培、大拱棚栽培、冬早春大棚栽培、露地栽培	25%嘧菌酯悬浮剂1 500倍液+10%氟噻唑吡乙酮悬浮剂1 500倍液，或68%精甲霜灵·锰锌水分散粒剂600倍液、72%霜脲·锰锌可湿性粉剂700倍液、68.75%氟吡菌胺·霜霉威盐酸盐水剂800倍液喷施或喷淋
	白粉病			32%吡唑萘菌胺悬浮剂1 500倍液，或10%苯醚甲环唑水分散粒剂800倍液、42.8%氟吡菌酰胺·肟菌酯悬浮剂1 500倍液
	青枯病	雨前雨后尽快喷施	露地	47%春雷·王铜可湿性粉剂400倍液，或25%噻唑锌可湿性粉剂400倍液、40%氢氧化铜可湿性粉剂600倍液
收获期	淹害死秧	积水清除后尽快根灌生物激活剂	露地，保护地偶发	每667米^{2}根施海藻菌生物肥液1～2千克，或55%氨基酸复微肥液500毫升、6.25%精甲霜灵·咯菌腈悬浮剂150～200毫升
	蚜虫、白粉虱、鳞翅目害虫			14%高效氯氟氰菊酯·氯虫苯甲酰胺悬浮剂1 500倍液，或30%噻虫嗪·氯虫苯甲酰胺悬浮剂1 500倍液

十、常用农药通用名称与商品名称对照表

作用类型	商品名称	通用名称	剂型	含量（%）	主要生产厂家
杀菌剂	金雷	精甲霜灵·锰锌	水分散粒剂	68	先正达
杀菌剂	瑞凡	双炔菌酰胺	悬浮剂	25	先正达
杀菌剂	银法利	氟吡菌胺·霜霉威盐酸盐	水剂	68.75	拜耳
杀菌剂	世高	苯醚甲环唑	水分散粒剂	10	先正达
杀菌剂	适乐时	咯菌腈	悬浮剂	2.5	先正达
杀菌剂	达克宁	百菌清	可湿性粉剂	75	先正达
杀菌剂	多菌灵	多菌灵	可湿性粉剂	50	江苏新沂
杀菌剂	甲基托布津	甲基硫菌灵	可湿性粉剂	70	日本曹达、国内企业等
杀菌剂	克抗灵	霜脲·锰锌	可湿性粉剂	72	河北科绿丰
杀菌剂	霜疫清	霜脲·锰锌	可湿性粉剂	72	国内企业
杀菌剂	杀毒矾	噁霜·锰锌	可湿性粉剂	64	先正达
杀菌剂	普力克	霜霉威	水剂	72.2	拜耳
杀菌剂	阿米西达	嘧菌酯	悬浮剂	25	先正达
杀菌剂	大生	代森锰锌	可湿性粉剂	80	陶氏
杀菌剂	阿米多彩	嘧菌酯·百菌清	悬浮剂	56	先正达
杀菌剂	农利灵	农利灵	干悬浮剂	50	巴斯夫
杀菌剂	多霉清	乙霉威·多菌灵	可湿性粉剂	50	保定化八厂
杀菌剂	利霉康	乙霉威·多菌灵	可湿性粉剂	50	河北科绿丰
杀菌剂	阿米妙收	苯醚甲环唑·嘧菌酯	悬浮剂	32.5	先正达
杀菌剂	加瑞农	春雷·王铜	可湿性粉剂	47	新加坡利农
杀菌剂	细菌灵	链霉素·琥珀铜	片剂	25	齐齐哈尔
杀菌剂	凯泽	啶酰菌胺	可湿性粉剂	50	巴斯夫
杀菌剂	阿克白	烯酰吗啉	可湿性粉剂	50	巴斯夫
杀菌剂	百泰	吡唑醚菌酯·代森联	水分散粒剂	65	巴斯夫
杀菌剂	克露	霜脲锰锌	可湿性粉剂	72	杜邦
杀菌剂	绿妃	吡唑萘菌胺·嘧菌酯	悬浮剂	32.5	先正达
杀菌剂	露娜森	氟吡菌酰胺·肟菌酯	悬浮剂	42.8	拜耳
杀菌剂	健达	氟唑菌酰胺·吡唑醚菌酯	悬浮剂	42.4	巴斯夫
杀菌剂	链霉素	农用硫酸链霉素	可湿性粉剂		河北科诺

作用类型	商品名称	通用名称	剂型	含量（%）	主要生产厂家
杀菌剂	萎菌净	枯草芽孢杆菌	可湿性粉剂	30亿个活芽孢	河北科绿丰
杀菌剂	恶霉灵	敌克松·多菌灵	可湿性粉剂	98	山东企业
杀菌剂	爱苗	丙环唑·苯醚甲环唑	乳油	25	先正达
杀菌剂	可杀得	氢氧化铜	可湿性粉剂	77	美国杜邦
杀菌剂	凯润	吡唑醚菌酯	乳油	25	巴斯夫
杀菌剂	品润	代森锌	干悬浮剂	70	巴斯夫
杀菌剂	福气多	噻唑磷	颗粒剂	10	浙江石原
杀菌剂	施立清	噻唑磷	颗粒剂	10	河北威远
杀菌剂	速克灵	腐霉利	可湿性粉剂	50	日本住友
杀菌剂	路富达	氟吡菌酰胺	悬浮剂	41.7	拜耳
植物生长调节剂	九二〇	赤霉素	晶体	75	上海同瑞
植物生长调节剂	益施帮	氨基酸活性剂	水剂	55	先正达
植物生长调节剂	碧护	赤·吲乙·芸	可湿性粉剂	3.4	德国马克普兰
杀虫剂	阿克泰	噻虫嗪	水分散粒剂	25	先正达
杀虫剂	锐胜	噻虫嗪	悬浮剂	35或70	先正达
杀虫剂	美除	虱螨脲	乳油	5	先正达
杀虫剂	四螨嗪	联苯菊酯	乳油	70	富美食公司国内企业
杀虫剂	吡虫啉	吡虫啉	可湿性粉剂/乳油	10	威远生化/江苏红太阳等
杀虫剂	虫螨克星	阿维菌素	乳油	1.8	威远生化
杀虫剂	帕力特	虫螨腈	悬浮剂	24	巴斯夫
杀虫剂	功夫	高效氯氟氰菊酯	水剂	2.5	先正达
杀虫剂	度锐	噻虫嗪·氯虫苯甲酰胺	悬浮剂	30	先正达
杀虫剂	福戈	噻虫嗪·氯虫苯甲酰胺	水分散粒剂	40	先正达
杀虫剂	美除	虱螨脲	乳油	5	先正达
杀虫剂	艾绿士	乙基多杀霉素	水分散粒剂	48	陶氏
杀虫剂	可立施	氟啶虫胺腈	水分散粒剂	50	陶氏